ARTHUR
und seine Freunde

MIKAEL LINDNORD
mit Val Hudson

ARTHUR
und seine Freunde

NEUES VOM HUND, DER DEN DSCHUNGEL
DURCHQUERTE, UM EIN ZUHAUSE ZU FINDEN

Aus dem Englischen von Tobias
Rothenbücher

Für Arthur, der stets mein bester Freund sein wird

Inhalt

Vorwort   9

1. Im Herzen des Dschungels   11
    Billy, Ted und Zigge und Camila

2. Niemals zurück   43
    Teddie, Sparky und Ada

3. King Arthur erobert England   75
    Lubo, Mr Digby und Duke

4. Neue Rennen   111
    Golan, Teddy und Gaspard

5. Fit mit vierzig   139
    Dewey, Shakira and Smiley

6. In guten wie in schlechten Tagen   169

Danksagung   185

Bildnachweis   188

Vorwort

Als mir vor drei Jahren in einem staubigen Dorf in Ecuador ein müder, hungriger Hund auffiel, der still um Futter bettelte, begann sich mein Leben zu verändern. Es änderte sich zum Besseren und auf eine Weise, wie ich es mir nie hätte träumen lassen.

Dass Arthur heute glücklich als geliebtes Familienmitglied bei uns in Schweden lebt, habe ich zum großen Teil der enormen Unterstützung von Menschen aus der ganzen Welt zu verdanken. Menschen, die Arthur gut versorgt wissen wollten und sich für uns ein gemeinsames glückliches Leben wünschten. Seit wir nach diesem folgenreichen Tag alles in Bewegung gesetzt haben, um ihn zu retten, fragen mich diese Leute – täglich –, wie es ihm und uns geht.

Weil ich von Arthur, meinem Freund (denn genau das ist er) gern berichte, komme ich den Bitten dieser Leute mit Freude nach und erzähle, was seit den Ereignissen aus unserem ersten Buch passiert ist. Da ich mich beim Schreiben zwangsläufig in unsere anstrengende Zeit im Dschungel von Ecuador zurückversetzt fühlte, habe ich auch darüber ein bisschen geschrieben. Ich hoffe also, dass man mir und Arthur die Treue hält, wenn ich Bekanntes neu erzähle, und dass allen unsere neuen Geschichten gefallen.

Es war meine Hoffnung, dass die Geschichte von Arthurs Rettung und seinem neuen Leben als glücklicher und geliebter Hund

Menschen ansprechen würde, die darüber nachdenken, geretteten Hunden zu helfen, und auch alle, die Hunde einfach mögen. Am Ende war ich verblüfft, wie viele Leute Kontakt zu mir aufgenommen haben, um mir ihre Geschichten von Tierschutzhunden aus aller Welt zu erzählen, von Hunden, die auf irgendeine Weise ihren Menschen gefunden haben und nun mit ihm ein gemeinsames Leben führen. Ich würde mich freuen, wenn auch diese Geschichten andere inspirieren.

Mikael Lindnord, im Herbst 2017

Kapitel 1

Im Herzen des Dschungels

*„Geh noch einen Schritt weiter,
das schaffen nicht viele."*

Dschungel von Ecuador, November 2014

Die Vegetation wurde immer undurchdringlicher und mit jedem Schritt blieb mehr Schlamm an unseren Schuhen hängen. Alle vier Mitglieder unseres Teams waren wahrscheinlich so erschöpft wie nie zuvor und das ist bei unserer Extremsportart ein Zustand, den sich die meisten wohl überhaupt nicht mehr vorstellen können.

Ich betrachtete unser neues, fünftes Teammitglied: einen verdreckten, verletzten Hund, der vor Matsch und Blut nur so starrte. Bei seinem zähen Trott durch den Schlamm, aus dem er mühevoll Pfote für Pfote wieder herauszog, konnte man erkennen, dass irgendwo unter der Schmutzschicht ein wunderschön goldfarbenes Tier steckte. Während wir uns Seite an Seite weiter vorwärtskämpften, fiel mir auf, dass ich unbewusst in sein Tempo gefallen war.

11

Ich wollte mich weder vor ihn setzen, da es ihm offenbar schon schwerfiel, mit uns Schritt zu halten, noch wollte ich so langsam werden, dass alle Hoffnung dahin wäre, in diesem zunehmend mörderischen Rennen das Ziel noch zu erreichen.

Die Weltmeisterschaft war – und ist – der Höhepunkt des Jahres für jeden Adventure-Racer. Und es war dieses Rennen tief im Dschungel von Ecuador, auf das wir uns in monatelangem herzzerfetzenden, muskelschindenden Training vorbereitet hatten. Staffan, Karen, Simon und ich waren als Team aus vier durchtrainierten Sportlern aufgebrochen, entschlossen, unter die ersten drei der Weltrangliste zu kommen, wenn nicht gar auf Platz eins. Und jetzt musste ich, der Kapitän dieses Teams, feststellen, dass ich durch diesen Hund abgelenkt war, der sich an meiner Seite vorwärtskämpfte.

Offenbar wollte er kein Mitleid, er schien einfach entschlossen mir nicht von der Seite zu weichen. Dabei hatte ich ihn lediglich bemerkt, mit ihm geredet und ihm etwas zu fressen gegeben. Und doch fühlte ich mich bei all der fieberhaften Anstrengung mitten im Dschungel ebenso zu dieser abgekämpften Kreatur hingezogen wie sie sich anscheinend zu mir.

Irgendwann war er plötzlich weg; er schoss ins Unterholz davon, einem Tier hinterher, das nur er sehen oder wittern konnte. Ich

sagte mir, dass er jetzt wahrscheinlich endgültig weg sei, unterwegs in irgendeiner Mission, von der man als Mensch keine Ahnung haben könne, und dass ich mir wahrscheinlich nur eingebildet hätte, da sei irgendeine Bindung zwischen uns beiden gewesen. Ich biss mir auf die Lippe und dachte, ich würde ihn nie wiedersehen. Dass ein Hund – irgendein Streuner, der aus dem Nichts aufgetaucht war – eine solche Wirkung auf mich haben sollte, konnte ich nicht glauben.

Und dann, fast so plötzlich, wie er verschwunden war, war er wieder da. Unbeirrt schaute er voraus und trottete entschlossen neben mir her, als wäre er nie weg gewesen.

Vielleicht war das der Augenblick, in dem ich begriff, dass dieser Hund und ich immer Seite an Seite unterwegs sein würden.

Örnsköldsvik, November 2015

Bikehandschuhe? Check! Moskitonetz? Check! Trekkingschuhe? Check! Als ich im Wohnzimmer mein Equipment für den Flug nach Brasilien und das nächste Weltmeisterschaftsrennen sortierte, dachte ich daran, wie ich vergangenes Jahr um diese Zeit alles wie gewohnt für Ecuador vorbereitet hatte. Damals hatte mir Helena geholfen und manchmal war mir unsere kleine Philippa ein bisschen in die Quere gekommen, aber jetzt herrschte Trubel im ganzen Haus, denn drüben in der Küche machte sich mein drei Monate alter Sohn Thor bemerkbar.

Zu meinen Füßen ruhte das andere neue Familienmitglied, Arthur mit seinem inzwischen gepflegten goldfarbenen Fell. Er lag auf seiner glänzend schwarzen Matte, die eine Pfote wie üblich untergeschlagen, und während ich meine Ausrüstung zurechtlegte, sah er entspannt zu mir auf, als wollte er sagen: „Ich weiß, was du machst. Und das bedeutet, dass du weggehst. Aber ich weiß, du kommst zurück. Darauf kann ich mich ja verlassen."

Ich legte die Tasche hin, in der ich gerade Stirnlampe und Batterien verstaut hatte, und ging zu ihm. Ich wusste, dass er mir vertraute, hatte aber irgendwie das Gefühl, dass eine kleine Bestätigung angebracht war.

„Hey, du", sagte ich, als ich mich vor ihn hinkniete. „Du weißt doch, dass ich wiederkomme, oder?" Ich kraulte ihn hinter seinen dunkelgoldenen Ohren und schaute ihn an, wobei sich unsere Nasen fast berührten. Arthurs Augen – mit der charakteristischen schwarz umränderten bernsteinfarbenen Iris, die seine weise, stille Ausstrahlung noch zu betonen schien – schauten mich unverwandt an.

Ich gab ihm einen schnellen Kuss auf die Nasenspitze und drehte mich um, um meinen Sohn auf den Arm zu nehmen. Thor schwenkte beide Arme in Arthurs Richtung, also hielt ich ihn näher hin, damit er ihn begrüßen konnte. Als seine winzige, pummelige Hand ihn erreichen konnte, drückte er freundlich Arthurs Nase.

Arthur, ganz würdevoller Gentleman-Hund, blieb vollkommen ruhig und sanft, genau wie bei seinem ersten Zusammentreffen mit dem neugeborenen Thor. Er legte nur seinen Kopf auf die Pfote, blickte zu uns auf, von einem zum anderen, seufzte kurz und schloss die Augen.

So vertraut ich mit den üblichen Vorbereitungen auch war, so seltsam fühlte es sich dieses Jahr an, eine vierköpfige Familie zurückzulassen.

Es war fast auf den Tag genau ein Jahr her, dass ich Arthur begegnet war, aber es kam mir vor, als hätte er schon immer zu uns gehört. Tatsächlich fällt es mir und auch Helena schwer, an eine Zeit ohne Arthur zurückzudenken, und wir können uns kaum vorstellen, wie wir je einen Tag geplant haben, ohne ihn einzubeziehen.

Oft werde ich gefragt, wie er uns verändert hat und wie wir es geschafft haben, plötzlich einen Hund in unser Leben zu integrieren. Darauf weiß ich nur eine Antwort: Er gehört einfach zur Familie, nicht mehr und nicht weniger.

Brasilianischer Regenwald, November 2015

Die Weltmeisterschaft in Brasilien war wie immer eine große Herausforderung und ein bedeutendes Rennen für uns als Team. Es sah ganz danach aus, als könnten wir unseren Platz unter den besten Fünf der Welt verteidigen, wenn wir so gut abschnitten, wie wir hofften, und als eines der sechs besten Teams ins Ziel kamen. Wir wussten, dass wir das schaffen konnten, und hatten wie immer monatelang trainiert, um uns auf das Highlight des Jahres vorzubereiten. Wie damals vor der Reise nach Ecuador hatten wir wieder und wieder unser Equipment überprüft und unsere Strategie besprochen und wir waren ausgeruht und fit durch unser intensives Training – zu Hause wie im Trainingscamp in der Türkei.

Wie die Planer der Strecke angekündigt hatten, sollte das Rennen durch das Feuchtgebiet Pantanal in Westbrasilien so anspruchsvoll wie unvergesslich werden. Sie hatten mit beidem nicht übertrieben.

Ich bin in meiner Karriere als Adventure-Racer an vielen ungemütlichen und gefährlichen Orten gewesen, aber dieser brach wahrscheinlich alle Rekorde. Wir wurden vor Jaguaren, Wildschweinen, Krokodilen und Schlangen gewarnt, von Tropischen Riesenameisen, Vogelspinnen und Moskitos ganz zu schweigen. Näher kommt man an Indiana Jones nicht heran.

Außerdem stellten die Organisatoren weder Schlaf- oder Ruhe-vorschriften auf, noch gab es vorgeschriebene Dark Zones, die nur bei Tageslicht bestritten werden durften – es zählte allein, wer als Erster durchs Ziel kam. Die Karten waren bestenfalls skizzenhaft, das Terrain war so sumpfig und schwierig, wie wir es nur in den schlimmsten Fällen erlebt hatten, und dazu kamen Temperaturen über vierzig Grad Celsius.

Unser Team war anders zusammengesetzt als noch in Ecuador: Zu Staffan und mir kamen Marika und Jonas. Doch wir waren gut eingespielt und ich freute mich, dass wir im Sommer bei den „Chile Series" Zweite geworden waren. Es würde ein hartes Rennen werden, doch darauf waren wir ausreichend vorbereitet, glaubte ich.

Eine Racerin aus einem anderen Team hatte am Morgen vor dem Start eine Grundschulklasse besucht, mit den Kindern gesprochen und gemeinsam gelesen. Sie wurde gefragt, ob sie sich vor Jagua-ren fürchte. Als sie zurückfragte, ob sie denn Angst haben müsse, nickten alle lange und ernst. Wie sich herausstellte, hatte jedes der Kinder bereits einen Jaguar gesehen. Ich war mir nicht sicher, ob die Tatsache, dass alle das Zusammentreffen überlebt hatten, mir Mut machen sollte oder ob ich mir Sorgen machen musste, dass wir nicht so viel Glück haben würden.

Am Anfang des Rennens stand eine Kajaketappe flussaufwärts. So schön, wie sich das anhört, war nur die erste Stunde. Schon bald wurde es drückend heiß, eins unserer Boote leckte und Wolken aus-gehungerter Moskitos fielen über uns her. Da das Warten auf ein neues Boot wertvolle Zeit verschlungen hatte, versuchten wir auf der folgenden Trekkingetappe so schnell wie möglich durch den Wald zu gelangen. Vielleicht zu schnell, doch noch fühlten wir uns für ein zügiges Tempo frisch genug und joggten, so oft es möglich war.

Den Kopf gesenkt und ganz auf den Pfad konzentriert regist-rierte ich kaum die Spuren der Dschungelbewohner, die vor uns hier gewesen waren. Doch als ich den Untergrund genauer betrachtete, bemerkte ich riesige Pfotenabdrücke. Durch unsere Laufgeräusche hörte ich zuerst nicht das bedrohliche Rascheln ein paar Meter weiter rechts. Da ich den anderen gerade ein Stück voraus war, hielt ich an, um zu lauschen, ob ich mir das nicht nur einbildete. Nein – da raschelte es wieder und ich könnte schwören, dass auch ein Kauen zu hören war. So laut, wie dieses Geräusch war, konnte es nur von dem großen Tier stammen, zu dem auch die Spuren passten. Von einer Großkatze. Einem Jaguar.

Ich spürte, wie sich alle Muskeln anspannten, und hatte wieder die Bilder im Kopf, die ich von Jaguaren auf der Jagd gesehen hatte. Aber dann musste ich an Arthur denken, den leidenschaftlichsten Katzenjäger der Welt. Was würde er jetzt tun? Roch ich womöglich nach Hund, und war das gerade gut oder eher schlecht? Dann aber ließ mich der Gedanke an Arthur mit seiner ruhigen Ausstrahlung, der in einem ebenso gefährlichen Dschungel überlebt hatte, zur Ruhe kommen. Wenn er im Regenwald überleben konnte, konnte ich das auch.

Ich wartete auf die anderen, wir zogen das Tempo an und dann liefen wir bergab (immer gern genommen, besonders bei vierzig Grad) bis zu einer Wechselzone an einem weiten See, dem Übergang zum Packrafting. Die anderen hatten von einem Jaguar nichts mitbekommen, aber Staffan versicherte mir, er habe zwei Wanderspinnen gesehen, eine Art, die – wie es die Informationen der Rennorganisatoren fröhlich verlauten ließen – als „die giftigste der Welt" galt. Selbst wenn man von dem Schlafentzug und der Entkräftung einmal absieht, ist Adventure-Racing nichts für schwache Herzen.

Packrafts sind leichter und stabiler als Kajaks und außerdem viel langsamer. Am Anfang waren wir noch auf einem Flusslabyrinth unterwegs, wo das keine große Rolle spielte, aber als wir dann bei Gegenwind auf einen weiteren See hinausfuhren, machte das eine Menge aus. Wir kamen nur langsam voran und ich war mir ziemlich sicher, dass wir inzwischen ein gutes Stück hinter unseren beiden größten Rivalen zurücklagen – dem Team der schwedischen Armee und den Litauern. Daher war es vielleicht nachvollziehbar, dass meine Teamkollegen, als wir schließlich die Landezone erreichten, am liebsten zügig den steilen Berg hinaufkommen wollten, der sich aus dem Wasser erhob.

Ich bin nun schon fast zwanzig Jahre Adventure-Racer und weiß, dass es bei wirklich extremen Bedingungen die wichtigste Regel ist, seine Kräfte einzuteilen. Hat man also bei vierzig Grad einen praktisch senkrechten Anstieg vor sich und sprintet dann hinauf, so schnell einen die Füße tragen, kann das nicht gut gehen. Der dichte Dschungel am Fuß des Bergs war schon schwierig genug zu bewältigen, aber der Anstieg danach war grässlich – grässlich schweißtreibend, bei grässlich schwergängigem Untergrund.

Ich ermahnte mein Team, dass sich alle ein bisschen zurückhalten und ihre Kräfte einteilen sollten, aber dann kam kurz vor dem Gipfel ein extrem steiler Grat, der letzte Anstieg, bevor es wieder eben wurde. Irgendwoher nahm Staffan die Superkräfte, um die letzten fünfzig Meter hinaufzurennen. Also rannten wir anderen ebenfalls, um zusammenzubleiben, aber die Gluthitze – es ging nicht das kleinste Lüftchen – forderte zu guter Letzt doch ihren Tribut und wir saßen einfach da, unfähig uns zu bewegen.

Bei der Ankunft in der nächsten Wechselzone waren wir nicht mehr gut in Form – und dass uns das Wasser ausgegangen war, machte es nicht besser. Da sich ein Streckenabschnitt, der auf der Karte wie die einfache Überquerung eines Hügels aussah, als viel länger und anstrengender herausgestellt hatte, kam uns der Verdacht, dass das ganze Rennen viel härter werden würde als alle, an denen wir bisher teilgenommen hatten.

Am Beginn der nächsten Etappe erwarteten uns erneut große Hitze und noch mehr Berge, aber dafür nicht ganz so viele böse Überraschungen, wie ich befürchtet hatte. Lange ging es über Geröll einen Kamm entlang, von dem aus man die Ebene des Pantanal überblicken konnte, und die Götter schickten uns eine sanfte Brise, die uns vor den Stichen der höllischen Moskitos bewahrte. Doch schon bald stand die Sonne wieder hoch am Himmel und mit ihr war auch die Hitze zurück, sodass die folgenden fünfunddreißig Kilometer eine ebenso große Strapaze wurden wie der Aufstieg am

Tag zuvor. Wieder ging uns das Wasser aus, aber diesmal beschlossen die Götter uns Bäche und Flüsse vorzuenthalten. Wir hatten schrecklichen Durst und litten, obwohl wir dank der relativ kühlen Nacht zwei, drei Stunden Nachtruhe bekommen hatten, an schwerem Schlafmangel.

Durst und Hitze machen nicht nur alles schlimmer, man ist vor allem dehydriert und dadurch wahrscheinlich verwirrt und blöd im Kopf. Jedenfalls fiel es mir schwer, die anderen anzuspornen, und ich war deprimiert, weil wir so schleppend vorankamen. Wie ein Racing-Freund immer sagt: „Wenn du gemütlich zu Hause sitzt, wärst du gern draußen beim Adventure-Racing, und mitten im Rennen würdest du gern gemütlich zu Hause sitzen." Ich war gerade ständig in Gedanken zu Hause.

Als wir endlich die Wechselzone erreichten, wollten wir nichts als essen, trinken und schlafen. Vor allem schlafen. Aber es war keine Zeit, sich ordentlich auszuruhen; wir mussten schnell wieder auf die Beine und weiter – wenn meine Schätzungen stimmten, konnten wir mindestens noch zwei Plätze gutmachen, wenn wir unsere Ruhepause kurz hielten.

Als wir also zur Kajaketappe wieder am Wasser ankamen, waren wir genauso fertig wie am Tag davor. Trotzdem war mir auf unserem Weg hinunter zu den wartenden Booten klar, dass wir auf dieser Etappe eine besonders gute Zeit erreichen mussten, wenn wir unter den ersten Fünf landen wollten.

Beim Fertigmachen der Kajaks spürte ich von hinten einen leichten Windhauch. Wir konnten also mit Rückenwind stromabwärts paddeln. Zum ersten Mal waren die Bedingungen wie dafür gemacht, eine meiner Ideen auszuprobieren, mit denen man Rennen gewinnt. Nachdem ich die beiden Kajaks miteinander vertäut hatte, setzte ich das kleine Segel, dass wir tief unten in unserer Equipmentbox mitgebracht hatten. Marika und Jonas sprangen in das erste Boot, Jonas und ich kletterten in das zweite.

„Jetzt bekommen wir unsere zwei Stunden Schlaf", sagte ich zu meinem Team, als wir ablegten. Alles lief genau nach Plan. Da beide Boote miteinander vertäut waren, konnten wir uns mit Paddeln und Schlafen abwechseln, wir steuerten vorsichtig durch die Nacht und kamen gut vorwärts.

Besonders bequem schläft man zwar nicht – eingewickelt in eine dünne Rettungsdecke wie ein Würstchen im Schlafrock auf dem Boden eines Kajaks –, aber wenigstens mussten wir mit dem Schlafen nicht bis zum Beginn der nächsten Etappe warten. Wir erreichten die Wechselzone sogar schneller, als ich gehofft hatte. Das war eine der besten Etappen meiner gesamten Adventure-Racing-Karriere. Und so traten wir zum nächsten Abschnitt – dem offenbar härtesten dieses Rennens – etwas zuversichtlicher an.

Eine Stunde später wateten wir durch Sümpfe und Flüsse und kamen nur quälend langsam vorwärts. In diesem Dschungel gab es offenbar nur knochentrockene Gluthitze oder Sümpfe und alles bedeckendes Wasser, aber nichts dazwischen. Und dieser Abschnitt war ein nasser. Uns blieb nichts anderes übrig, als so gut es ging durchs Wasser zu waten – und dabei vor uns mit unseren Stöcken nach Stachelrochen zu tasten.

Eine weitere Stunde später waren Rochen noch das geringste Problem. Jetzt schwammen um unsere Beine ganz andere Wesen herum. Da ich die hilfreichen Hinweise der Veranstalter noch im Kopf hatte, wusste ich auf einmal, welche: Piranhas – eine Art „mit kräftigen Kiefern, wie dafür geschaffen, Fleisch zu zerreißen".

„Oha! Das ist jetzt nicht wahr, oder?", rief ich den anderen zu. „Schaut euch die Kerle an. Piranhas. Das müssen Hunderte sein."

„Ahaaa", sagte Jonas. „Ist aber wohl in Ordnung. Ich glaube, im Buch stand, dass die nur angreifen, wenn sie sich in die Enge getrieben fühlen oder wenn Blut im Wasser ist."

„Gut", sagte ich, „also Ruhe bewahren und bitte nicht bluten."

Das schien mir auch für den nächsten Flussabschnitt zu gelten. Wir kamen um eine Biegung, als es gerade dunkel wurde, trotzdem konnte ich eine Menge junger Krokodile ausmachen, die nebeneinander am Ufer lagen. Wir hörten die Schnappgeräusche ihrer Kiefer. Es klang, als würden sie sich für die nächtliche Jagd in Stimmung bringen.

Während wir durch den Sumpf, der sich an beiden Ufern erstreckte, langsam an ihnen vorbeiwateten, wurde es immer dunkler. Uns blieb nichts anderes übrig, als unsere Stirnlampen anzuschalten, obwohl wir genau wussten, was dann passieren würde.

Und tatsächlich, als hätten sie hinter den Kulissen nur auf das Bühnenlicht und ihr Stichwort gewartet, waren plötzlich überall Moskitos, Riesenwespen und fliegende Ameisen. Wir spürten ihre bösartigen, juckenden Stiche. Die Ruhe zu bewahren und nicht zu bluten wurde immer schwieriger. Besonders als uns einfiel, dass die Brasilianer diese Tageszeit „Schlangenzeit" nennen.

Bei unserem letzten Blick auf die Karte war es besonders schwierig gewesen, unsere Position zu bestimmen – wenn im Maßstab 1 : 100 000 ein Zentimeter für einen Kilometer steht, kann man sich vorstellen, dass die Karte nicht besonders detailreich ausfällt. Und wir standen in einem Regenwaldgebiet von 200 000 Quadratkilometern! Gut möglich, dass wir zuletzt ganz falsch gegangen waren, aber wahrscheinlich behielten wir am besten einfach unsere Richtung bei und hofften, dass wir uns grob auf das richtige Gewässer zubewegten, wo die nächste Etappe begann.

„Das ist ja noch schlimmer als Ecuador! Nur dass wir uns diesmal nicht noch um einen Hund kümmern müssen." Staffan beugte sich frustriert über die Karte.

Bei dem Gedanken an Arthur überkam mich plötzlich eine seltsame Schwäche. Da stand ich hier in dieser Hitze am anderen Ende der Welt, während er zu Hause im Schnee bei dem Rest unserer Familie war. Hätte ich nicht selbst am besten gewusst, wie viel mir dieser Sport bedeutete, ich hätte mich gefragt, was ich eigentlich hier zu suchen hatte. Ich konnte nichts tun, als kurz innezuhalten und zu hoffen, dass er gerade fröhlich durch den Schnee rannte und mich nicht zu sehr vermisste.

Gleichzeitig wurden die Angriffe der Insekten immer heftiger. In dem Versuch, mich selbst zumindest ein bisschen zu schützen, schaltete ich meine Stirnlampe aus und hoffte auf das Beste. Auf festem Boden bewegten wir uns zu diesem Zeitpunkt schon nicht mehr; überall um uns herum war Wasser. Wir mussten beim

Schwimmen versuchen die Richtung beizubehalten, schoben gleichzeitig mit unseren Stöcken die dichte Vegetation vor uns zur Seite und wehrten größere Schlangen und Fische ab.

Schließlich stießen wir wieder auf Land und beschlossen uns eine Pause zu gönnen und einen Blick auf die Karte zu werfen. Wir legten sie auf den Boden, schalteten die Lampen an und beugten uns darüber. Gerade als unsere müden Augen versuchten unseren vermutlichen Standort zu fokussieren, erschreckte uns ein vielfaches durchdringendes Quietschen von links. Wildschweine. Eine ganze Rotte.

Hinter uns war Wasser und links und rechts der Dschungel. Staffan schlug vor, auf einen der drei, vier Bäume zu klettern, die gleich am Ufer standen. Ich fand, sie sahen viel zu dürr aus, um unser Gewicht zu tragen, aber das Quietschen und die Hufgeräusche kamen immer näher und waren schon so laut, dass wir vermutlich auch versucht hätten Bambusstangen hochzuklettern. Just als wir uns an den Ästen hochzogen, hörten wir neues Gequietsche, diesmal von der anderen Seite. Noch eine Wildschweinrotte.

Irgendwo im Dschungel trafen beide aufeinander. Schließlich mussten sie sich geeinigt haben, denn nach einem weiteren quietschenden Gezeter erstarb das Geräusch der Hufe und wir blieben aufgewühlt am Flussufer zurück. Mitten in die Stille hinein war plötzlich ein lautes Krachen zu hören. Das Geräusch von schnappenden Krokodilkiefern ganz in der Nähe in der Dunkelheit.

Jetzt, fand ich, war es angebracht, sich ein kleines bisschen zu fürchten.

Wie sich herausstellte, waren wir tatsächlich in die richtige Richtung geschwommen und nach weiteren drei Stunden erkannten wir eine Landebahn und mehrere Gebäude. Nachdem wir uns in der Wechselzone dankbar auf den Boden hatten fallen lassen, erfuhren wir, dass zwar vier Teams bereits durchgekommen waren, die

Veranstalter aber entschieden hatten, es bliebe nicht genug Zeit, die ganze Rennstrecke zu absolvieren. Bei nur zwei weiteren Renntagen lag noch die Packraftingetappe vor uns und danach 27 Kilometer Trekking, 85 Kilometer Kajak und 251 Kilometer auf dem Mountainbike. Das war selbst für durchtrainierte Ausdauerathleten ein bisschen viel.

Das Rennen wurde daher verkürzt und die Teams wurden in Dreisitzerflugzeugen zum Start der abschließenden Bikeetappe geflogen. Als wir zusammengequetscht in dem winzigen, lauten Doppeldecker über die Ebenen und den Regenwald des Pantanal flogen, war mir nicht danach zumute, die Aussicht zu bewundern. Ich war viel zu sehr damit beschäftigt auszutüfteln, welche Konsequenzen all das für unsere Position im Rennen haben würde. Zwar war es unmöglich, die Platzierungen auch nur annähernd genau vorherzusagen, doch ich war mir recht sicher, dass unser Platz unter den ersten Sechs der jährlichen Gesamtwertung ernsthaft in Gefahr war, solange vier Teams ins Ziel kamen. Als wir nach einem unruhigen Landeanflug, der unseren Nacken strapazierte, auf dem holprigen Runway aufsetzten, war ich ziemlich niedergeschlagen. Keine gute Einstellung vor dem Start einer zweihundertfünfzig Kilometer langen Bikeetappe, die als eine der härtesten in diesem ohnehin extrem harten Rennen ausgewiesen war.

Fast unmittelbar nach dem Start wurden unsere Bikes durch den Sand ausgebremst, der in alle Ritzen zu dringen schien, von unseren Rädern angefangen bis hin zu unseren Augen und unseren Schuhen. Die Temperatur stieg wieder über vierzig Grad und bald ging uns das Wasser aus. Es war so glühend heiß, dass es niemanden überraschte, als wir ausgerechnet mitten auf unserer Strecke in einiger Entfernung Flammen lodern sahen: offenbar ein riesiges Buschfeuer.

Je näher wir kamen, desto heißer wurde es, und bevor es dunkel wurde, wollten wir abseits unseres Weges versuchen, irgendwo Wasser zu finden – egal in welcher Form. Unser Weg führte uns nah an das Feuer heran, doch als wir es durch das angrenzende Dickicht umgingen, erhellte es mit einem Mal eine schillernde, glitzernde Fläche. Ich begriff, wie es Menschen geht, die in der Wüste halb verdurstet halluzinieren. Dann aber, ganz leise, hörten wir das Geräusch zuschnappender Kiefer. Das konnten nur Krokodile sein, und das wiederum konnte nur bedeuten, dass es hier tatsächlich Wasser gab. Gute und schlechte Nachrichten zugleich.

Es war nicht viel mehr als ein Tümpel. Während wir auf Knien unsere Wasserflaschen füllten, versuchte ich die inzwischen vertrauten Schnappgeräusche auszublenden. Beim Aufschauen jedoch sah ich drei große Augenpaare durch das Halbdunkel schimmern. Die Krokos lagen gerade mal auf der anderen Seite des kleinen Gewässers. Zügig füllten wir unsere Flaschen. Ich hielt meine in den Strahl der Stirnlampe, um nachzusehen, was wir da abgefüllt hatten. Es sah aus wie schlammige Cola. Und es schmeckte dreimal schlimmer. Wir beteten, dass wir uns mit dem Wasser keine obskuren Krankheitserreger eingefangen hatten, und legten uns hin, um eine Stunde dringend benötigten Schlaf aufzuholen.

Als gefühlte Minuten später die Sonne aufging, sah der Himmel viel dunkler aus als am vorherigen Tag. Sollte das tatsächlich bedeuten, dass Wolken aufzogen – und damit Regen? So war es. Als es zu regnen begann, schauten wir zum Himmel auf und es kam uns vor, als würden unsere Körper das ersehnte Nass wie Schwämme aufsaugen.

Wenig später führte unser Weg einen Fluss entlang. Da uns von den vorherigen Tagen noch immer alles wehtat, entschied ich, dass wir am besten mithilfe unserer Bikes stromaufwärts schwimmen würden – die Luft in den Reifen hielt sie an der Oberfläche und wir kamen gut vorwärts. So gut, dass ich Gelegenheit hatte, mich umzusehen.

Einen Augenblick lang begriff mein Gehirn nicht, was ich da vor mir sah. War es ein besonders dicker Reifen, vielleicht von einem Traktor? Oder eine Baumwurzel, die aus irgendeinem Grund bis in die Flussmitte ragte? Dann begriff ich, dass es eine Anakonda war. Und ich konnte Beulen in ihrem Körper erkennen: Sie fraß gerade etwas. Etwas, das fast so groß war wie sie selbst. Unwillkürlich musste ich an ein Video zurückdenken, in dem eine Anakonda eine Kuh verschlingt. Ich versuchte den Gedanken wegzuschieben und konzentrierte mich darauf, so ruhig ich konnte weiterzuschwimmen, obwohl sie an einem Punkt kaum drei Meter von mir entfernt war.

Als wir die Flussmündung erreichten, hatte ich die vage Ahnung, dass am Ufer Leute angelten, und ebenso vage nahm ich wahr, dass sie uns mit offenem Mund anstarrten. Jau, dachte ich, vermutlich sind wir tatsächlich so bescheuert, wie wir aussehen. Gleichzeitig empfand ich einen tiefen Respekt für die Menschen, die hier lebten – in einem Land, das offenbar alles daransetzte, uns durch die Mangel zu drehen – so wie es die Anakonda machte, an der ich gerade vorbeigekommen war.

Allerdings hatte der Adrenalinschub mir arg zugesetzt, denn sobald wir uns wieder auf unsere Bikes setzten, war die Erschöpfung wieder da und ich fühlte mich fiebrig. Inzwischen stand die Sonne hoch. Die Hitze war unerträglich und der Sand machte es noch schwerer voranzukommen als bisher. Da ich nicht in der Lage war, durch den Sand bergauf zu fahren, schob ich mein Bike. Allmählich stellten sich die klassischen Symptome eines Hitzschlags ein – anders ließen sich das Fieber, die Schwäche und die Erschöpfung nicht erklären. Als ich versuchte wieder aufs Bike zu kommen, brach ich am Wegrand zusammen. Nach drei Versuchen zog Jonas mich hoch und befestigte ein Schleppseil an seinem Bike. Eine Zeit lang ging das gut, aber ich fühlte mich schwächer, als ich mich je gefühlt hatte, fast so, als wollte mein Körper sich gleich abschalten. Während ich erbittert versuchte mich darauf zu konzentrieren, auf den Beinen zu bleiben und jeder Muskel sich anspannte, begannen die Halluzinationen. So muss es sich anfühlen, hörte ich mich denken, kurz bevor dein Körper aufgibt und du stirbst.

Und sobald ich mir gestattete ans Sterben zu denken, wurde meine Verzweiflung noch größer. Ich würde das Licht meines Lebens zurücklassen, Helena, meine süße Philippa und unseren frisch eingetroffenen Thor. Und ich würde Arthur zurücklassen, dem unsere Freundschaft das Leben gerettet und ein neues Leben geschenkt hatte.

In meinem Fieberwahn in der Hitze des Dschungels sah ich Arthur jetzt direkt vor mir. So deutlich, als wäre er wirklich da. Er ging langsam und ohne Zögern voran, ohne nach links und rechts zu schauen, still und entschlossen, wie bei unserem ersten Zusammentreffen, als wüsste er, dass ich ihm folgen würde, wohin auch immer er ginge. Ich spannte alle Muskeln an und fand irgendwie die Kraft, einen Fuß vor den anderen zu setzen, dann folgte ich dem Pfad, den Arthur für mich durch das Gestrüpp bahnte.

„Okay, mein Junge", flüsterte ich. „Wenn du es schaffst, schaff ich es auch. Ich werde ebenso wenig aufgeben wie du damals. Mit uns beiden ist es noch nicht zu Ende."

Irgendwoher nahm ich die Kraft, den letzten Abschnitt hinter mich zu bringen. Als ich die Ziellinie überquerte, schaute ich zum Himmel und schickte Arthur und meiner Familie ein stilles Dankeschön. Ich konnte es kaum erwarten, nach Hause zu kommen und sie in der Wirklichkeit in die Arme zu schließen.

NAME: *Billy*
ALTER: *12*
BESITZERIN: *Ann*
HERKUNFT: *Nawzad, Afghanistan*
HEUTE: *Hertfordshire,*
        Großbritannien

„Billy hat einen weiten Weg hinter sich gebracht, ehe er unser Hund wurde. Ich war schon immer eine Hundenärrin und bin mit Hunden aufgewachsen, doch obwohl das bei meinem Mann anders war, wollten wir beide immer einen haben. Dass ein Hund aus dem Laden nicht infrage kam, stand fest, denn über Massenzüchter wussten wir Bescheid, und nachdem wir lange in einer kleinen Wohnung gelebt hatten, die laut Auskunft der Rettungsorganisationen für Hunde ungeeignet war, konnten wir es nach dem Umzug in ein Haus kaum erwarten, einen Tierschutzhund zu adoptieren! Unsere ersten beiden Hunde waren zwei Westies: Daisy und Tommy, die das reife Alter von fünfzehn und sechzehn Jahren erreichten.

Da ich ehrenamtlich als Spendensammlerin für die Wohltätigkeitsorganisation Nowzad arbeite, die in Afghanistan Streuner und ausgesetzte Tiere rettet, stand eigentlich immer schon fest, dass wir einen Hund von dort retten wollten. Die Geschichten, die ich über die Tiere gehört hatte, auch darüber, wie manche misshandelt werden, hatten mich sehr bewegt. Als wir allerdings Billy zum ersten Mal sahen, hatten wir eigentlich gar nicht vor, einen Hund zu adoptieren – wir wollten nämlich ein paar Jahre ohne Hund verbringen, damit wir häufiger übers Wochenende aufs Festland reisen konnten. Damit war es vorbei, als ich auf der Nowzad-Website Billy entdeckte und mich gleich in ihn verliebte, und noch bevor ich meinem Mann überhaupt davon erzählen konnte, erzählte er mir gleich nach der Arbeit von einem Hund, den er im Netz bei Nowzad gesehen habe und der ihm gefalle – und das war Billy. Damals war Billy schon im gesetzteren Alter – fast zwölf –, und nachdem wir gelesen hatten, woher er kam und warum er in dem Tierheim war, waren wir fest entschlossen, dass wir ihm für seinen Ruhestand ein gutes Heim bieten wollten. Da es sehr teuer ist, einen Hund aus Afghanistan hierherzuholen, glaubten wir, es würden sich wegen seines fortgeschrittenen Alters wahrscheinlich kaum Leute für Billy interessieren, sodass er den Rest seines Lebens in dem Tierheim verbringen müsste.

Wenn ich Billy manchmal betrachte, kann ich kaum glauben, was er alles durchgemacht hat. Billy ist ein echter Kriegsveteran. 2006 und 2007 leistete er tapfer seinen Dienst im Irak und 2009 wurde er nach Afghanistan versetzt, wo er als Sprengstoffspürhund arbeitete. 2015 wurde er in die Provinz Kundus entsandt und dort war er noch, als die Taliban an die Macht kamen. Leider mussten seine Hundeführer damals fliehen, sodass er in den Händen der Taliban blieb. Was während dieser Zeit mit ihm geschah, wissen wir nicht; nur so viel ist sicher: Als die Regierungstruppen die Stadt Kundus zurückeroberten und Billy erneut zu ihnen kam, hatte er große Angst vor Männern und konnte nicht mehr arbeiten. Billy, der wahrscheinlich während seiner Dienstjahre vielen das Leben gerettet hat, wurde aufgegeben und in seinem Holzverschlag zurückgelassen, bis Nowzad ihn rettete und zur Adoption ausschrieb.

Wie jeder weiß, der schon einmal einen Hund aus einem fernen Land adoptiert hat, ist das ein langwieriger, komplizierter und teurer Prozess. Nachdem wir uns dazu entschlossen hatten, dauerte es bis zum 1. Dezember 2016, bis Billy nach drei Monaten

Quarantäne in Afghanistan endlich in Großbritannien eintraf. Er landete morgens um 7 Uhr 20 am Terminal 5 von Heathrow und kam fünf Stunden später aus dem Animal Reception Centre des Flughafens. Als wir ihn zu uns nach Hause gebracht hatten, rannte er mit hundert Stundenkilometern durch das ganze Haus und beschnupperte auch noch den letzten Quadratzentimeter – als früherer Sprengstoffspürhund sucht er alles nach Bomben ab. Inzwischen weiß er, dass wir keine im Haus haben, und ist viel ruhiger geworden.

Angesichts seiner Vergangenheit ist Billy bemerkenswert brav. Nur wenn mein Mann das Haus verlässt, dreht er durch, denn zwischen den beiden hat sich eine starke Bindung entwickelt. Bereits durch seine Zeit bei der Armee ist er besonders gut abgerichtet und außerdem als älterer Hund wohl schon etwas ruhiger geworden und froh darüber, eine Familie zu haben. Futter steht bei ihm sehr im Mittelpunkt (sein Leibgericht ist Naan-Brot) und mit Tischmanieren ist es bei ihm nicht weit her, doch der Fairness halber muss man Billy zugutehalten, dass er ja nie welche gebraucht hat.

Für sein Alter hat er eine unfassbare Energie und lässt sich von den anderen Hunden im Park nicht so schnell unterkriegen. Da Sprengstoffspürhunde als Belohnung häufig mit Tennisbällen spielen dürfen, ist Billy geradezu verrückt danach. Es dreht sich dann alles um den Ball. Auf der anderen Seite ist er unheimlich liebevoll und kuschelt sich häufig auf der Couch an mich.

Obwohl man meinen sollte, dass sich bei einem älteren Hund die Verspieltheit schon herausgewachsen hat, bringt uns Billy noch jeden Tag zum Lachen. Erst letzte Woche sind wir zum ersten Mal mit ihm in Urlaub gefahren, an die Küste von Norfolk. Wir wollten ihn unser Ferienhaus zuerst frei erkunden lassen, damit er sich schlafen legen konnte, wo er wollte, und damit schien alles geregelt. Aber als wir in der ersten Nacht im Bett lagen, hörten wir ein lautes Geräusch und fragten uns, was er wohl trieb. Als ich nachsah, stellte ich fest, dass er in die Badewanne gesprungen war, wo er sich nun, die Nase an den Duschvorhang gedrückt, wunderte, wie zum Teufel er da wieder herauskommen sollte!

Seit wir Billy haben, wissen wir, dass ein Tierschutzhund ein wunderbarer Gefährte sein kann und dass es viele großartige Hunde gibt, die ein liebevolles Zuhause verdienen. Dabei geht es nicht nur um den Hund – auch für die Menschen ist das fantastisch. Für uns war ein Haus ohne Hund kein Zuhause, und seit Billy da ist, haben wir wieder eins. Alles, was er heute möchte, ist Zuneigung von morgens, wenn er wach wird, bis zum Schlafengehen. Und die bekommt er."

NAMEN: *Ted und Zigge Stardust*
(alias „The B Boys")
ALTER: *Ted 6, Zigge 2*
BESITZERIN: *Caisa*
HERKUNFT: *Irland; Ted aus*
dem Tierheim „Dog Rescue
Coolronan" und Zigge von
Maureen Scanlon aus Sligo.
Ihre Adoption wurde durch
die schwedische Organisation
„FriendsForever" vermittelt.
HEUTE: *bei Stockholm, Schweden*

„Wenn man sich meine beiden Jungs, Ted und Zigge, heute anschaut, würde man nie glauben, was sie hinter sich haben. Bereits als Kind und auch als Erwachsene hatte ich Hunde und schon vor meinen B Boys lebte ein Tierschutzhund bei mir. Kaufen wollte ich nie einen, wo es doch so viele ungewollte Hunde auf der Welt gibt. Mit meinem Sohn wohne ich in einer schwedischen Kleinstadt in einer Wohnung, was für zwei Hunde vielleicht nicht ganz ideal ist, aber überall in der Nähe kann man sie super laufen lassen und deshalb hatte ich mir vorgenommen einen in Pflege zu nehmen.

Wahrscheinlich wundern Sie sich jetzt, aber in Irland gibt es viele Hunde, die in Pflege genommen werden müssen, und die schwedische Wohltätigkeitsorganisation FriendsForever koordiniert das. Der erste Hund, der mir am Telefon vorgeschlagen wurde, war Ted – Dog Rescue Coolronan in Irland war benachrichtigt worden, dass auf einer Farm ein Border Collie Tag und Nacht angekettet sei, und jemand ging hin, um den Besitzer davon zu überzeugen, den Hund der Organisation anzuvertrauen.

Da die Mitarbeiter nach der Rettung feststellten, dass er blind war, und sich Sorgen machten, dass sie kein Heim für ihn finden würden, fragten sie mich, ob ich ihn in Pflege nehmen wolle. Ich hatte weder jemals zuvor einen blinden Hund besessen noch war ich einem begegnet und versuchte mich online zu informieren, doch viel konnte ich dazu nicht finden. Dennoch beschloss ich das Wagnis einzugehen.

Schwach, verwirrt und dünn kam Ted 2013 bei mir an. Da er sein ganzes Leben im Freien gehalten worden war, verwirrte es ihn, in einem Haus zu leben. Er war sogar noch nie eine Treppe hinaufgestiegen. Als blinder Hund musste er sich erst eine ‚Karte' von unserer Wohnung anlegen, indem er umherging und sich den Grundriss einprägte (am ersten Tag pinkelte er ins Wohnzimmer, während er noch erkundete, wo was war, doch schon sehr bald hatte er es begriffen). Durch die Umstände seiner Aufzucht war der Umgang mit Menschen, vor allem Knuddeln und andere Berührungen, ziemlich ungewohnt für ihn, doch wir ließen ihm Zeit, sich in Ruhe daran zu gewöhnen. Da er uns nicht sehen konnte, sagte ich immer, wenn er aufwachte: ‚Ich bin hier, Ted', denn ich machte mir Sorgen, dass er vielleicht nicht mehr wusste, wo er war. Doch damit hatte er offenbar nie Probleme – Ted kam einfach mit allem zurecht, was ich mit ihm ausprobierte. Das ist typisch für ihn – er ist unglaublich ruhig und gelassen. Und nach zwei Tagen wurde mir klar, dass ich ihn nicht in Pflege nehmen wollte. Ich wollte ihn adoptieren.

Zwei Jahre später sprach man mich wegen eines ähnlichen Hunds an, den Maureen Scanlon aus abscheulichen Umständen befreit hatte – wieder ein Border Collie, der auf einem Hof im Freien angebunden gewesen war. Offenbar war er sehr ängstlich und hatte sogar nie ordentliches Futter bekommen. Ich sagte sofort zu und schon bald kam er zu mir nach Schweden. Wir nannten ihn Zigge Stardust: Zigge, weil er nicht geradeaus, sondern quasi nur im Zickzack gehen konnte, und Stardust, weil er im rechten Auge eine Linsentrübung hat. Zigge hatte einen ganz anderen Charakter als Ted. Er war sehr ängstlich, versteckte sich ganz hinten in seiner Box und es schien ihm alles zu viel zu sein. Es dauerte lange, bis er mir vertraute. Weil er mit der Treppe überhaupt nicht zurechtzukommen schien, trug ich ihn die ersten Wochen hinauf, und da er so daran gewöhnt war, im Freien zu sein, kam er anfangs drinnen überhaupt nicht zur Ruhe und lief vor lauter Stress ständig umher. In der ersten Zeit musste ich ihn auch drinnen anleinen, damit er sich beruhigte. Doch er genoss es, den Bauch gestreichelt zu bekommen und in meiner Nähe zu sein, und ganz allmählich machten wir Fortschritte.

Ich musste in das Training von Zigge viel Zeit investieren, bis er Treppen steigen konnte, mit den Geräuschen von draußen zurechtkam und sein Stress sich legte. Natürlich sind aus schwierigen Verhältnissen gerettete Hunde mit höherer Wahrscheinlichkeit verhaltensauffällig, doch ich bin der Ansicht, dass man mit Zeit und Geduld etwas daran ändern kann. Zigge fürchtete sich vor vielen Geräuschen (das liegt vermutlich nicht daran, dass er blind ist, sondern dass ihm soziale Erfahrungen fehlen) und ich habe tagelang neben ihm an Orten gesessen, die ihm Angst machten, wo viele Menschen waren und viel Verkehr herrschte. Mein Ansatz ist: Ja, ich merke, dass dir das Angst macht, aber wir machen das trotzdem! Bis dein Bauch und dein Kopf nicht mehr ‚Schnell weg!' rufen und du dich entspannen kannst. Zigge hat schon große Fortschritte gemacht, aber noch arbeiten wir daran. Offenbar steckt bei all dem Stress und der geringen Selbstachtung doch ein sturer Hund in ihm und daher dauert das Training eben länger.

Ganz unerwartet hat die Adoption von Ted und Zigge sie zu Botschaftern für blinde Hunde gemacht. Ehe ich sie zu mir nahm, versuchte ich so viel wie möglich über blinde Hunde herauszufinden, konnte aber nur ganz wenige Informationen auftreiben. Eigentlich hieß es immer nur: ‚Es kann klappen, solange man sie immer an der Leine hält und stets die gleichen Wege mit ihnen geht.' Doch mit Ted und Zigge habe ich andere Erfahrungen gemacht – sie können noch viel mehr. Ich habe angefangen für meine Familie und Freunde Videos auf Facebook zu posten, in denen man ihnen beim Spielen und bei ihrem Hundeleben zuschauen kann, und auf die Anregung einiger Leute hin eine eigene Website über sie eingerichtet. Einen so überwältigenden Zuspruch hätte ich nicht erwartet. Manche haben die Seite besucht, weil sie erfahren hatten, dass ihr geliebter Hund langsam blind wurde, und sie sich ein Bild davon machen wollten, welche Lebensqualität sie für ihn erwarten durften. In Schweden nehmen Augenprobleme bei Hunden zu, doch von Leuten (und Hunden!), die einem zeigen, dass auch Hunde ohne Augenlicht ein gutes Leben haben können, erfährt man nicht viel. Manche, die erfahren hatten, dass ihr Hund erblinden würde, haben mir erzählt, sie hätten von vielen – darunter echte Hundekenner – den Rat bekommen, ihn einschläfern zu lassen. Doch Ted und Zigge sind der lebende Beweis, dass das nicht sein muss. Die Facebook-Seite der Blind Boys ist ein tolles Forum für Hundefans und wir haben uns sogar schon mit einigen von ihnen verabredet, sodass Ted und Zigge jetzt überall viele neue Freunde haben.

Durch meine Hunde, die heute hier in Schweden in meiner Wohnung leben, Treppen steigen, im Auto mitfahren können und trainiert werden, sich noch mehr auf ihre Nase zu verlassen, habe ich gelernt, dass nichts unmöglich ist – manchmal braucht es eben seine Zeit. Es ist eine solche Freude gewesen, zu beobachten, wie sich ihre Persönlichkeiten mit den Jahren entwickelt haben. Ted ist noch immer der gelassene, ruhige Teddybär, der mir auf Schritt und Tritt mit seinem Lieblingsquietschtier im Maul folgt (der Rest der Familie findet das ständige Quietschen weniger schön). Wenn er anderen Hunden begegnet, weiß er sofort, wie ihre Laune ist, aber selbst wenn sie Angst haben oder es sich um aggressive Rüden handelt, macht das Ted nichts aus – er geht einfach weiter. Zigge hat seine wahre Persönlichkeit nicht so schnell preisgegeben. Auch wenn laute Geräusche ihm immer noch Angst machen, ist er heute recht selbstständig und fröhlich und erkundet die Welt gern auf eigene Faust. Als er ein rundes Jahr bei uns war, wurde er auf einmal sehr gesprächig, und wenn wir heute etwas unternehmen, was er mag – spazieren gehen, Freunde besuchen oder fressen –, ist Heulen angesagt! Außerdem hat er einen neuen Trick drauf: Wenn er nicht nach Hause will, wirft er sich zu Boden. Da kann man an der Leine ziehen, wie man will, er bewegt sich kein Stück …

Blinde Hunde sehen mit dem Herzen, und zu wissen, dass man ein Tier glücklich gemacht hat, ist ein unvergleichliches Gefühl. Umgekehrt machen auch sie einen glücklich. Wenn Sie also genug Zeit und Geduld haben, adoptieren Sie einen Hund! Sie werden viel zurückbekommen und außerdem retten Sie damit ein Leben.“

NAME: *Camila*
ALTER: *etwa 5*
BESITZERIN: *Mariela*
HERKUNFT: *Heredia, Costa Rica*
(vermittelt durch „Amigos de la
Calle")
HEUTE: *Florida Keys, USA*

„Weil es in Costa Rica, wo ich aufgewachsen bin, viele Straßen-
hunde gibt, hat meine Familie ihre Hunde immer gleich von der
Straße weg adoptiert. Als Teenager habe ich meinen ersten
Straßenhund bekommen und ihnen bin ich treu geblieben. Sie
sind Überlebenskünstler, clevere Hunde, die gelernt haben das
Wesen von Menschen zu erkennen, das Gute wie das Böse in
ihnen, und wenn sie die Liebe einer Familie erfahren, bleiben
sie ihr treu.

Heute lebe ich mit meinem Mann auf einer der Inseln vor Florida. Von Camila haben wir durch meine Mutter erfahren, die sie
zu Hause in Costa Rica in Pflege hatte. Zuerst fühlte sich mein
Mann noch nicht bereit einen neuen Hund aufzunehmen, denn
erst kurz zuvor war unser Deutscher Schäferhund gestorben.
Da wir selbst keinen Nachwuchs haben, sind unsere Haustiere
unsere Kinder, und als wir eines von ihnen verloren, waren wir
beide am Boden zerstört. Allerdings wussten wir, dass wir irgendwann wieder einen Hund adoptieren wollten – warum also
warten? Wir reisten daher nach Costa Rica, um Camila persönlich kennenzulernen.

Ihr Leben hatte furchtbar begonnen. Von meiner Mutter hatte ich das erste Bild, das ich von Camila zu sehen bekam: Sie war im Hinterhof eines Hauses in der Nachbarschaft an einer kurzen Kette angebunden und hatte weder Futter noch Wasser noch einen Unterschlupf. Die Regenzeit in Costa Rica dauert neun Monate und sie litt eindeutig große Qualen. Später erfuhren wir, dass sie außerdem ein gebrochenes Bein hatte. Nach vielen Telefongesprächen stellte sich heraus, dass Camila bereits der Tierschutzorganisation Amigos de la Calle aufgefallen und zur Behandlung des Beins im Krankenhaus gewesen war und dass sie sich nur übergangsweise in dem besagten Haus befand, weil sich noch keine Pflegefamilie gefunden hatte. Daher nahm meine Mutter sie. Ein Jahr blieb sie bei meiner Mum, wo ihr Bein heilte und sie sich erholte, doch eigentlich hatte meine Mutter gar nicht vorgehabt, sich einen Hund zuzulegen – wir aber wollten einen.

Als wir sie kennengelernt hatten, wusste ich gleich, dass sie für uns die Richtige war, aber mein Mann war am Anfang noch nicht so sicher. Da sie lange in Costa Rica gelebt hatte, machte ich mir allerdings Sorgen, wie sie wohl reagieren würde, wenn wir sie zu uns nach Hause holten. Schließlich war sie uns nur ein paarmal begegnet, sie hatte noch nie das Meer gesehen und außerdem wohnt eine Katze bei uns.

Größere Sorgen hätte mir eigentlich die Reise von Costa Rica nach Miami bereiten sollen. Aufgrund gestrichener Flüge und anderer Probleme dauerte sie über siebzehn Stunden und war sicher schrecklich für Camila, denn all das bedeutete eine Menge Stress. Bei der Landung nachmittags um zwei war es extrem heiß und feucht, und als ich sie aus ihrer Box nehmen wollte, knurrte sie und war sehr aggressiv. Schnell legte ich ihr die Leine an und gab ihr Wasser und Futter, aber sie wollte nichts.

Ich fuhr mit ihr zu einem Park in der Nähe, wo sie ihr Geschäft erledigte und ein bisschen Wasser trank, und als wir dann zurück zum Auto kamen, legte sie sich auf meinen Schoß. Ich merkte, wie sehr sie unter Stress stand, doch wenn ich versuchte sie zu streicheln, knurrte sie mich nur an. Ich machte mir Sorgen, dass es nach allem, was sie erlebt hatte, doch nicht klappen würde, aber ich wollte die Hoffnung nicht aufgeben. Zwei Stunden später gingen wir zu Hause mit ihr am Strand spazieren und zeigten ihr ihr Futter, ihren Wassernapf und ihre Matte. Sofort legte sie sich hin, als wüsste sie genau, dass dort ihr Platz war.

Obwohl sie eine starke Bindung zu meinem Mann entwickelte, war sie am Anfang ein sehr schüchterner Hund, der kein Spielzeug anrührte und immer darauf zu warten schien, dass wir ihr Kommandos gaben. Das machte mich traurig, denn ich wünschte mir, dass sie so wie andere Hunde sein sollte. Ich war mir nicht sicher, ob sie unglücklich oder nur verwirrt war. Da sie sich Fremden gegenüber sehr schüchtern zeigte und auf Leute, die sie streicheln wollten, losging, mussten wir in der Öffentlichkeit sehr vorsichtig sein. Heute jedoch, nach zwei Jahren, versteht sie, dass man nur liebevoll zu ihr sein möchte, und jetzt ist sie es, die sich Fremden nähert, um sich streicheln zu lassen. Sie weiß außerdem, wie sie ihren Spaß haben kann. Wir haben ihr ein Hundeplanschbecken gekauft, auf das sie total steht – wie auf alles, was mit Wasser zu tun hat –, und wir haben es sogar geschafft, ihr das Paddeln auf einem Paddleboard beizubringen.

Nachdem wir ihr helfen konnten ihre Furcht zu überwinden, lernten wir die wahre Camila kennen: einen verspielten, liebevollen, cleveren und sensiblen Hund. Wir haben den Eindruck, dass sie aus Dankbarkeit versucht alles so zu machen, wie wir es möchten. Außerdem passt sie gut auf uns auf und das war schon gleich zu Anfang so. Bei unserem ersten Besuch in Costa Rica schlief Camila unten an der Treppe, doch eines Nachts kam sie nach oben und weckte mich. Es war das erste Mal und sie bellte dabei nicht, sondern winselte und stupste mich mit der Pfote im Gesicht an. Damals kannte ich sie noch nicht so gut, und weil ich dachte, sie sei einfach nicht daran gewöhnt, mich in ihrem Haus zu haben, schickte ich sie weg. Doch dann ging sie zu meiner Mutter, die mit ihr die Treppe hinunterstieg, weil sie glaubte, Camila müsse mal vor die Tür. Als sie an der Küchentür vorbeikamen, blieb sie stehen und meine Mutter bemerkte, dass sie auf der heißen Herdplatte etwas stehen gelassen hatte, das kurz davor war, Feuer zu fangen.

Letztes Jahr, als wir im Nationalpark ‚Smoky Mountains' Ferien machten und gerade frühmorgens zum Wandern aufbrechen wollten, drehte ich mich um und sah einen ausgewachsenen Schwarzbären vielleicht zweieinhalb Meter von uns entfernt, der uns betrachtete. Ich stand stocksteif und wie gebannt von der Schönheit des Tiers – als Biologin habe ich eine Schwäche für große Säugetiere –, doch Sorgen machte ich mir darüber, was Camila jetzt tun würde. Ganz langsam kam sie herüber und stellte sich vor mich. Sie bellte und knurrte nicht, doch ich glaube, sie war bereit mich zu beschützen. Vorsichtig zog ich sie zu mir heran, und ohne den Bär aus den Augen zu lassen, zogen wir uns in unsere Hütte zurück. Glücklicherweise drehte er sich um und ging wieder in den Wald.

Das Beste an Cami ist, dass sie uns, wie viele andere Hunde, daran erinnert, wie wichtig es ist, dankbar zu sein für das, was man hat, und den Augenblick zu genießen. Immer wirkt sie glücklich und genießt die einfachen Dinge wie ihr Planschbecken nach dem Morgenspaziergang oder einen Ritt auf dem Paddleboard. Sie ist eine wunderbare Gefährtin und für unsere Familie einfach unersetzlich.

Einen Hund zu adoptieren gehört zu den besten Entschlüssen, die man fassen kann. Es wird Ihr Leben völlig verändern: Solche Hunde bringen einem viel Freude, und weil sie früher etwas anderes erlebt haben, zeigen sie sich dankbar für die Zuneigung und die Sicherheit, die ihnen eine Familie gibt. Ein anderer Vorteil ist, dass die meisten Streuner Mischlinge sind, und damit leiden sie nicht an den angeborenen Problemen, die bei manchen Rassehunden vorkommen. Ich bin der Ansicht, dass der Mensch für das Leid vieler Hunde die Verantwortung trägt – sei es durch Inzucht in Massenzuchtbetrieben oder für das Schicksal von Straßenhunden. Wenn Sie also Tiere lieben, tragen Sie doch lieber etwas zur Lösung des Problems bei und geben Sie einem heimatlosen Hund eine Familie."

Kapitel 2

Niemals zurück

„Stärker als der Siegeswille ist der Mut,
den Anfang zu wagen."

Ecuador, November 2014

Als wir uns zu Beginn des letzten Rennabschnitts in die Boote setzten, wurde mir wieder einmal bewusst, was für ein enges, unbequemes Ding so ein Kajak doch ist. Selbst wenn nicht tiefe Nacht herrscht, wie damals, ist es nicht leicht, zuerst die Ausrüstung zusammenzupacken, sie im Boot zu verstauen, es auszubalancieren und sich zum Abstoßen bereit zu machen. Diesmal aber wünschte ich mir, es würde ewig dauern. Ins Boot zu steigen und mich abzustoßen war das Letzte, was ich wollte.

Ich wusste, ein kleines Stück hinter mir beobachtete uns der Hund bei der Vorbereitung. Nach fast zwei gemeinsamen Tagen wusste ich, dass er erschöpft und von den schrecklichen Verletzungen auf seinem Rücken geschwächt war, und ich war mir fast sicher, dass er ein paar Stunden zuvor, als er über den schmalen Fluss schwimmen musste, seine letzten Kräfte aufgebraucht hatte.

Langsam, weil ich noch immer Zeit schinden wollte, half ich Staffan die Boote zu Wasser zu lassen. Ich wusste, dass in der pechschwarzen Dunkelheit niemand sehen konnte, wie ich mir auf die Lippe biss, um nicht laut loszuflennen. Das wars, dachte ich bei mir, jetzt kann er uns nicht mehr folgen. Das schafft er nicht. Er wird einfach dahin zurücklaufen, woher er gekommen ist, und dann ist es vorbei. Ich werde ihn nie wiedersehen.

Ich versuchte mich ganz auf meine Aufgabe zu konzentrieren und stieg hinter meinem Teamkameraden Simon ins Boot. Nachdem wir uns vom Ufer abgestoßen hatten, zwang ich mich mein Paddel im gleichen Takt wie er ins Wasser zu tauchen. Denk nur an das Rennen, versuchte ich mich zu ermahnen. Denk daran, dass wir auf dieser Etappe Zeit gutmachen müssen, wie wichtig es ist, das jetzt durchzuziehen, und dass es mit einem guten Platz aus und vorbei ist, wenn wir auf diesem Abschnitt zu langsam sind. Denk daran, sagte ich mir ernst, wie du ein ganzes Jahr auf diesen Moment hingearbeitet hast und dass nichts – aber auch gar nichts – euch dabei in die Quere kommen darf, auf dieser Strecke Zeit herauszuholen.

Ich packte mein Paddel fester, stemmte mich gegen das Wasser, und unser Boot kam schnell und sicher vorwärts. Noch zwei Züge und schon lag das Ufer ein gutes Stück hinter uns. Dennoch spitzte ich die Ohren und versuchte die Geräusche des Wassers und der Menschenmenge am Ufer auszublenden.

Und dann hörte ich es. Ein lautes Platschen genau von dort, wo der Hund am Ufer gestanden hatte. Ich gestattete mir einen Blick zurück und konnte den Kopf des Hundes genau erkennen; er paddelte kraftvoll und entschlossen unserem Boot hinterher.

Ich drehte mich um und wusste genau, dass wir eigentlich Gas geben mussten, um zu den anderen aufzuschließen. Erneut zog ich das Paddel durch und drehte mich noch einmal um. Der Hund lag jetzt noch weiter zurück, doch da er merkte, wie sich der Abstand zwischen uns vergrößerte, legte er sich offenbar noch einmal richtig ins Zeug und wurde schneller.

Mein nächster Paddelschlag war nicht mehr so kräftig. Tief in mir drin wusste ich, dass ich versuchte ihm eine Chance zu geben. Doch als ich mich wieder umsah, erkannte ich, dass die letzte Anstrengung fast zu viel für ihn gewesen war und dass er wieder zurückfiel.

In dieser Sekunde wurde mir klar, dass das einer der wichtigsten Momente meines Lebens war. Wenn ich das jetzt mache, sagte ich mir, dann muss ich es richtig machen. Hier ging es um alles. Es war ein Augenblick, der für immer wichtig sein würde – mein ganzes weiteres Leben musste ich zu dem stehen, was in den nächsten Minuten geschah.

„Halt an", sagte ich zu Simon. Er hörte auf zu paddeln und sah sich irritiert zu mir um. Aber auch ich hatte mich umgedreht. In diesen wenigen Sekunden hatte der Hund sich vorangekämpft, als wüsste er, dass das der entscheidende Moment war, seine Chance, und dass sein Leben davon abhing, was jetzt passierte.

Stück für Stück kam er näher und mit jedem Zug sank sein Kopf ein bisschen tiefer unter Wasser. Dann war er nur noch Zentimeter vom Boot entfernt. Ich lehnte mich über den Rand. Ich schlang meine Arme um den durchgefrorenen nassen Hund und zog ihn unter Einsatz all meiner Kräfte zu mir herein.

Jetzt ist es fest, dachte ich. Das hier hält ein Leben lang.

Örnsköldsvik, Weihnachten 2015

Während ich locker von einem meiner Lieblingshügel oberhalb unseres Hauses heruntertrabte, beobachtete ich Arthur, wie er links und rechts des steinigen Wegs ins Gebüsch trottete und wieder daraus hervorkam. Er wirkte, als hätte er etwas Bestimmtes vor, aber ich vermutete, dass er nur ein bisschen herumschnupperte, bis wir die Hauptattraktion erreichten, den See unten am Ende des Weges.

Ich sah, wie er sich beeilte, je näher wir dem Ufer kamen. Da er jetzt schon seit ein paar Stunden draußen herumlief, war ihm wahrscheinlich ganz schön warm. Mit Karacho rannte er ins eiskalte flache Wasser und plantschte darin herum und ich hätte schwören können, dass ich ihn dabei lächeln sah. Wenn er so klatschnass und munter wie ein Welpe umhersprang, erkannte man, wie gelenkig und voller Energie er doch war. Seine Liebe zum Wasser konnte einen vergessen lassen, wie er in dem ecuadorianischen Fluss um sein Leben gerungen hatte.

Ich ließ mich auf einem Felsbrocken nieder und schaute ihm zu. Man konnte kaum glauben, dass er in einem heißen, feuchten Klima aufgewachsen war. Neun Monate gehörte er jetzt zur Familie und die meisten Varianten des Wetters, das einem die Hohe Küste Schwedens um die Ohren hauen kann, hatte er bereits erlebt. Die Kälte schien ihm am meisten zu gefallen. Den tiefen Schnee

allerdings, den wir meistens ganz am Jahresanfang bekommen, musste er noch kennenlernen, aber er hatte schon genug Temperaturen unter null erlebt, um sich an Eis und Schnee zu gewöhnen.

Besonders schien er die kalten Dezembermorgen zu genießen, wenn wir Atemwölkchen ausstießen und uns warm anziehen mussten. Sobald er an solchen Tagen von der Leine gelassen wurde, schoss er in einer weißen Wolke auf weißem Grund davon – als ließe ein Kamerablitz sein Fell und den Schnee hell erstrahlen – und nur seine orangefarbenen Ohren hoben sich davon ab.

Manchmal war er so begierig nach draußen zu kommen – besonders wenn er glaubte, er könnte zurückgelassen werden (was natürlich nie der Fall war) –, dass er durch die Tür sauste und draußen prompt von der Eisglätte auf dem falschen Fuß erwischt wurde. Er war dann so schnell, dass mindestens eine Pfote unter ihm wegrutschte. Man konnte von Glück sagen, dachte ich mir dann, dass er vier Beine hat, sonst wäre er sicher ständig umgefallen.

Doch bald schon mussten wir zurück nach Hause. Es waren nur noch drei Tage bis Weihnachten – das erste Weihnachtsfest für Arthur und auch für Thor – und es gab noch viel zu tun.

Helena saß mit Philippa und Thor im Wohnzimmer, als wir zu Hause ankamen. Sie hatten sich um unseren allerersten Adventskalender versammelt, um die beiden Stofftiere Herrn Elch und Herrn Hirsch herum, die mit kleinen Adventsgeschenken behängt waren. „Schaut mal: nur noch drei Tage." Helena nahm Philippas Hand und ließ sie eins der letzten Päckchen nehmen. Sie kicherte vor Freude und öffnete ein goldenes.

Ich betrachtete sie: Mutter und Tochter beim Kuscheln, wie sie sich über ihr Lieblingsgeschenk freuten und überlegten, was sie damit spielen würden, den schlafenden Thor und Arthur, der zuschaute und glücklich war, bei seiner Familie zu sein.

Tatsächlich war es eine schöne Zeit, aber manchmal fiel es mir schwer, die Sorgen, die an mir nagten, zu verstecken. Brasilien war hart gewesen, härter als jedes andere Rennen, an das ich mich erinnere, und das schlug sich in unserer Platzierung auf Rang neun der Weltrangliste nieder.

Das reichte Peak Performance nicht und vergangene Woche hatte die Firma bekannt gegeben, dass sie uns nicht länger als Sponsor unterstützen wolle. Das war ein herber Schlag. Er kam nicht unerwartet, aber das änderte auch nichts daran. Mit dem Geld unseres Sponsors und unseren eigenen Mitteln hatten wir die – beträchtlichen – Kosten für das Rennen getragen, aber ohne Geldgeber für zukünftige Wettbewerbe mussten wir entweder darüber nachdenken, wie wir etwas verdienen konnten, um unsere Schulden zu begleichen, oder schnell neue Sponsoren finden. Als Profisportler stehen mir nicht viele Möglichkeiten offen. Schweden ist in dieser Hinsicht ein hartes Pflaster: Wenn man sehr talentiert ist, kann man an der Uni seinen Sport treiben und man bekommt viel Unterstützung, um dabei sein Bestes geben zu können. Aber man macht nichts anderes – nicht wie etwa in den USA, wo man noch einen weiteren Abschluss erwirbt, auf den man zurückgreifen kann, wenn es mit dem Sport vorbei ist. Und mit den meisten Sportarten hört man eben auf, wenn man noch relativ jung ist. Daher kann das Leben für schwedische Sportler ziemlich hart werden, sobald sie ihren Zenit überschritten haben.

Ich wusste also, dass der Januar für uns ein schwieriger Monat werden würde, und außerdem hatte ich mich körperlich noch bei Weitem nicht von dem Rennen in Brasilien erholt. Da ich immer eine Weile brauche, um ein Meisterschaftsrennen zu verarbeiten, fühlte ich mich noch geschwächt von dem Schlafmangel und den Anstrengungen dieser einen Woche.

Dann sah ich zu Arthur hinüber, der mit dem Kopf auf den Pfoten auf seiner Matte lag, und dachte an das Buch. Man hatte uns gebeten, die Geschichte von mir und Arthur aufzuschreiben. Ich fand es wunderbar, dass die Leute mehr über ihn erfahren wollten und darüber, wie wir einander gefunden hatten. Es war eine willkommene Ablenkung, an dem Buch zu arbeiten und die Zeit im Dschungel noch einmal zu durchleben.

Ich betrachtete ihn, wie er in Konzentration versunken seine rechte Vorderpfote abschleckte. In gewisser Weise half jetzt er mir, so wie ich zuvor ihm geholfen hatte.

Früher fand ich Weihnachten nie so schön wie heute. Zusammen mit Helena Philippa beim Spielen zuzuschauen und Thor zu halten, wenn er nach einem turbulenten Tag endlich eingeschlafen ist, das ist für mich der Himmel auf Erden. Und natürlich sind wir nur komplett, wenn Arthur neben uns in einer Ecke liegt, auf unserem Schoß sitzt oder seine schicken neuen schwarzen Weihnachtsnäpfe sauber schleckt.

Diese schwarzen Näpfe hatten für reichlich Diskussion gesorgt. Wahrscheinlich weil er schon ein bisschen gesetzter ist, kann Arthur mit Spielzeug wenig anfangen. Daher wussten wir, dass wir für ihn ein nützliches Geschenk aussuchen mussten, und was sollte nützlicher sein, als das, woraus man isst und trinkt? Irgendwann hatten wir diese schönen schwarzen Näpfe entdeckt und beschlossen, sie ihm gleich zu geben. Bis zum eigentlichen Festtag zu warten schien uns nicht fair.

Die nächsten Tage gingen in geschäftigem Treiben schnell vorbei, nicht zuletzt weil das Interesse an uns – genauer gesagt an Arthur – unvermindert anhielt. Offenbar wollten alle schwedischen Medien Fotos von Arthur und mir, von Arthur mit den Kindern, von Arthur und Helena … und vor allem von Arthur, wie er an der guten schwedischen frischen Luft umherrennt. Uns war das recht, denn schließlich war es die Anteilnahme seiner Fans weltweit gewesen, die es uns ermöglicht hatte, ihn überhaupt nach Schweden zu bringen. Hätte es die Tausenden Likes in den sozialen Medien und das große Interesse der Fernsehsender und Zeitungen nicht gegeben, wer weiß, ob die Behörden ihn überhaupt hätten einreisen lassen.

Wir waren also gern bereit all diese Fototermine zu absolvieren und Interviews zu geben. Und glücklicherweise schneite es sogar. „Glücklicherweise" nicht nur, weil das den Fotografen die ideale Kulisse bot, sondern auch, weil sich herausstellte, dass Arthur Schnee liebt! Er lässt keine Gelegenheit aus, darin herumzurennen und sich darin zu wälzen, und wenn er davon genug hat, steckt er seine ganze Nase mitten in den nächsten Schneehaufen und reibt sich genüsslich daran. Wenn er wieder herauskommt, sieht er im Gesicht aus wie ein Schneemonster, weil überall Schnee in seinem dichten Fell hängt. Als er das zum ersten Mal gemacht hat, ist Philippa vor lauter Lachen umgefallen. Kein Wunder ... Und ich bin mir sicher, Arthur wusste, dass wir mit ihm und nicht über ihn lachten.

Nachdem unser Haus zwei Tage lang quasi für die Öffentlichkeit zugänglich gewesen war und so viele Medien über uns berichtet hatten, war es auch schön, wieder eine normale Familie zu sein. Und ein wichtiges Familienfest mussten wir noch begehen, ehe wir über Silvester zu meinen Eltern fuhren.

Am 20. Dezember tauften wir Thor in der Kirche von Själevad, ein paar Kilometer außerhalb von Örnsköldsvik. Es ist eine wunderschöne Kirche in einer wunderschönen Umgebung. Vor ein paar Jahren wurde sie in einer landesweiten Umfrage zu Schwedens schönster Kirche gewählt und ich kann meinen Landsleuten nur zustimmen. Es war eine feierliche Zeremonie, bei der Arthur ausnahmsweise draußen warten musste, doch er benahm sich vorbildlich. Fast als hätte er gewusst, wie bedeutend dieser Tag war.

Um bald schon wieder im Kreis der Familie zu feiern, fuhren wir auch zu Neujahr nach Själevad, wo meine Eltern wohnen – und da sich meine Schwester mit ihrer Familie ebenfalls angekündigt hatte, war das Haus voll. Anders als bei Helenas Eltern, die mitten auf dem Land leben, wo es einige Hundert Meter bis zum nächsten

Haus sind, wohnen die Nachbarn meiner Eltern gleich nebenan. Während unserer ansonsten sehr schönen Neujahrstage wurde das wegen Arthur zu einem kleinen Problem.

Wenn man ein Hund ist, muss man wahrscheinlich jedes neue Territorium sogleich erkunden. Als Arthur bei uns einzog, schaute er sich zuerst ein paar Minuten im Haus um, beschloss dann, dass er ohnehin schon immer hier leben wollte, und ließ sich sogleich auf der Matte nieder, die wir ihm gekauft hatten. (Helena meint, das habe daran gelegen, dass das Haus nach mir rieche, aber ich bin mir sicher, dass er es außerdem gemütlich und gut überschaubar fand.) Das Wichtigste jedoch ist, dass er sich danach eigentlich nie wieder allein davongemacht hat.

Natürlich jagt er gern mal andere Tiere. Meistens fremde Katzen. Er rennt ab und zu plötzlich aus einem für uns unerfindlichen Grund los, aber er kommt auch immer zurück. Ich bin mir sicher, er versteht nicht, was das ganze Trara eigentlich soll. Hunde tun eben, was Hunde tun müssen.

In einem fremden Haus ist das allerdings nicht ganz so einfach. Bei Helenas Familie kann er viel Land erkunden und ungestört Tiere jagen, ehe er anderen Menschen begegnet. Bei meinen Eltern ist das, wie gesagt, anders. Dort sind nicht nur viel befahrene Straßen in der Nähe, sondern auch Nachbarn, und man weiß nie, was die Leute davon halten, wenn plötzlich ein fremder Hund im Garten steht. Als Arthur also auf eine ungewöhnlich weite Erkundungstour ging und länger als üblich fortblieb, machten wir uns Sorgen, dass wir womöglich die Anwohner belästigt hatten.

Daher gingen wir uns am Ende unseres Besuchs eigens vergewissern, dass wir sie nicht verärgert hatten. Wir freuten uns sehr, als sie sagten: Nein, nein, es sei schön gewesen, Arthur kennenzulernen, er sei ja so ein netter Hund und er könne gern öfter vorbeikommen. Dennoch fanden Helena und ich, es sei das Beste, einen Hundetrainer um Rat zu bitten, wie wir Arthur am besten zurückrufen könnten, wenn er gerade wieder auf Erkundungsreise ging. Kein echtes Hundetraining, aber eine Möglichkeit, ihn zum Herkommen zu bewegen, wenn es für ihn gefährlich werden könnte.

Ich bin kein großer Freund von Ratgebern zur Hundeerziehung. So eng, wie ich mich mit Arthur verbunden fühle, könnte ich ihm vermutlich alles Mögliche „antrainieren". Schließlich ist er ein äußerst intelligenter Hund und eigentlich möchte er sich so verhalten, wie es mir gefällt. Aber ich will ihn nicht herumkommandieren. Ich weiß zwar, dass das für einen Hundebesitzer ungewöhnlich ist, aber ich sehe Arthur und mich auf einer Augenhöhe; er ist niemand, über den ich Macht ausübe. Wie ein Bekannter mir einmal gesagt hat, rede ich offenbar mit Arthur genau wie mit meinen Freunden und der Grund ist wahrscheinlich, dass Arthur für mich eben ein Freund ist. Bei seiner Intelligenz könnte ich ihm ganz leicht „Sitz!" und „Fuß!" und „Platz!" und tausend andere Kommandos beibringen, aber ich will nicht, dass er sich für mich verstellt. Er soll Arthur sein und nicht eingeschüchtert wie ein Kind, das man durch Drohungen wie „Warte nur, bis Papa nach Hause kommt!" dazu bringt, sich zu benehmen.

Trotzdem verstehe ich natürlich, dass niemand gern Arthurs Geschäft im eigenen Garten vorfindet. Und obwohl er sich frei fühlen soll, wollte ich versuchen einen Weg zu finden, wie er verlässlich zu uns kommt, wenn wir es möchten, egal wie sehr sein Jagdinstinkt ihn gerade beschäftigt.

Unser erster Termin mit der Hundetrainerin fand im Haus meiner Eltern statt, denn wir fanden, es wäre gut, an dem Ort anzufangen, wo das Problem sich zum ersten Mal bemerkbar gemacht hatte.

„Eigentlich wollen wir gar nichts verändern. Ein echtes Training braucht er gar nicht", sagte Helena, als sie in das Zimmer vorausging, in dem Arthur auf sein Mittagessen wartete. „Wir machen uns nur Sorgen, wenn er verschwindet. Besonders wenn es in der Nähe Straßen mit viel Verkehr gibt."

Arthur stand auf, um Hallo zu sagen, und dachte vermutlich, dass er zu Mittag etwas mehr Gesellschaft als gewöhnlich haben würde. Die Trainerin begrüßte ihn. Sie klopfte ihm auf den Rücken und sagte: „Das Problem ist, dass es im Haus nichts gibt, was ihn interessiert, und draußen könnt ihr ihm nicht geben, was er braucht – deshalb hört er nicht auf euch. Deshalb muss man bestimmte Stimmlagen oder Geräusche einsetzen und sogar die Art, wie man die Leine benutzt, um ihm zu zeigen, wer hier der Boss ist."

Sie schlug vor, ein besonderes Wort einzuführen – nicht „hierher", weil alle ihre Hunde so rufen –, damit er verstehe, dass jetzt wir das Sagen hätten und wollten, dass er komme. Bei ihrem eigenen Hund habe sie „vieni" eingeführt, also „komm her" auf Italienisch. „Allein durch eure Stimmlage und durch euer Verhalten sollte er dann eigentlich verstehen, dass er kommen soll. Clever wie er ist."

Wir entschieden uns für „Hep!". Warum, wussten wir selbst nicht genau, aber das kam uns irgendwie passend vor.

Unsere Trainerin brachte uns Übungen bei, mit denen wir Arthur zeigen konnten, wer gerade das Sagen hatte (wir). Die erste probierten wir gleich zu Hause aus. Wir gingen beide zusammen laufen. Dabei entschieden wir uns für einen der Wege oben auf den Hügeln, wo es immer wieder Abbiegungen und Seitenwege gibt – man muss sich also immer wieder für rechts oder links entscheiden. Sonst rannte Arthur oft voraus und den falschen Weg entlang, dann mussten wir anhalten, ihn suchen und zurückrufen. Diesmal benutzten wir unser „Hep", wenn wir uns einer Gabelung näherten, und noch einmal, wenn wir dann rechts oder links weiterliefen. Das schien zu funktionieren. Offenbar wartete Arthur auf das „Hep" und schaute dann, in welcher Richtung es weiterging.

Wunderbar, dachten wir an diesem Abend. Bald hat er es raus, dass er bei uns bleiben und auf unsere Anweisung warten soll.

Dann nahmen wir ihn ein paarmal an der Leine zum Spazierengehen mit, wobei wir sie aber nicht wirklich einsetzten, sondern nur um einzuüben, dass er auf unseren bloßen Zuruf bei Fuß gehen sollte.

Das Fazit nach ein paar Wochen lautete „so weit, so gut". Ich hätte zwar noch nicht darauf gewettet, dass er die Verfolgung einer Katze aufgeben und zu uns kommen würde, aber ich glaube, wir hatten ein paar Grundregeln geklärt.

Das wichtigste Ereignis im Februar war für mich das Pond-Hockey-Turnier. Mit einem großartigen Team hatte ich einen Wettkampf organisiert, der sich gerade zur festen Größe in der Wintersportsaison der Hohen Küste entwickelte: zwei Tage kämpferische Eishockeymatches zwischen den besten Mannschaften der Region. Das bedeutete einen enormen organisatorischen und logistischen Aufwand, angefangen bei den Dreharbeiten zu einem Film über die Hohe Küste als Teil der Promotion bis hin zum Plakatieren in allen nordschwedischen Städten mit einer Eishalle. Es gab fast so viele Punkte abzuhaken wie bei einer Adventure-Racing-Meisterschaft: Sponsoren, Equipment, Werbung, Teamgeist.

Ich war fest entschlossen das beste Turnier auf die Beine zu stellen, das man in der Gegend je erlebt hatte: mit viel Spaß, Kampfgeist und Atmosphäre. Außerdem sollte das ganze Drumherum stimmen: das Essen, die Leute, die Beleuchtung und das Equipment. Es war, als versuchte ich die ganze Energie, die ich normalerweise bei einem Rennen aufbringe, in das Turnier zu stecken, um daraus das beste aller Turniere zu machen. Das Einzige, worauf ich keinen Einfluss hatte, war das Wetter, aber wenn man Ende Februar in Nordschweden auf eins zählen kann, dann ist es Eis.

Selbstverständlich war mir Arthur eine große Hilfe. Es gefiel ihm, überall umherzurennen und mit mir die Eisflächen und die verschneiten Felder ringsumher auszukundschaften, obwohl er manchmal ungeduldig wurde, weil wir so häufig stehen blieben, um mit jemandem etwas Organisatorisches zu besprechen. Es ist wohl eine Art Fluch für ihn: Ständig muss ich bei unseren Spaziergängen anhalten und mit jemandem reden. Wobei er ehrlich gesagt oft selbst schuld ist, denn in der Stadt werden wir so gut wie immer von jemandem angesprochen, der Arthur erzählen will, wie hübsch er doch ist. (Und natürlich habe ich überhaupt nichts dagegen, denn er ist nun mal tatsächlich ein Hübscher und ich weiß, wie viel Freude es den Leuten macht, ihm das zu sagen.)

Nach all der Arbeit jedoch kam Arthur gar nicht mit zum Turnier. Dort würde es viel zu laut sein, mit zu viel Unruhe und zu viel grellem Licht. Vor allem aber würden Helena und ich ständig hier- und dorthin rennen, um nachzusehen, ob alles wie geplant abläuft, und überall, wo es haken würde, die Wogen glätten. Daher blieb er bei Helenas Eltern, während Philippa und Thor bei einem ihrer Cousins unterkamen.

„Das wird schon klappen", sagte Helena, „immerhin weiß er jetzt, ‚Hep' heißt ‚Hep', und wir müssen uns keine Sorgen machen, dass er abhauen könnte."

Da war ich mir nicht so sicher, aber immerhin wusste ich, dass Arthur gern bei Helenas Eltern war und daher gar nicht so häufig weglief. Vielleicht lag es daran, dass er dort keine Katzen jagen musste, weil es im Haus schon eine gab.

Als wir ihn am Abend vor dem Turnier dort absetzten, standen in der Küche zwei Näpfe nebeneinander, einer für Manda, die Katze, und einer für Arthur. In beiden war bereits Futter. Dafür schien sich Arthur nicht sonderlich zu interessieren. Dann aber sah ich, wie er Manda betrachtete, die gerade gezielt auf ihren Napf zumarschierte.

Da sie zu fressen begann, vermutete Arthur offenbar, es sei auch für ihn Essenszeit, ging zu seiner Schüssel und putzte alles weg. Dann betrachtete er Manda beim Fressen und muss gedacht haben: *So wichtig kann es ihr nicht sein. Das darf ich sicher auch noch essen.* Und er fraß auch ihr Futter.

Helena, die das beobachtete, sagte: „Er denkt wahrscheinlich, wenn sie schon sein Futter nicht frisst, kann er ihrs ruhig auch haben." Ich vermutete, dass hier eine Art Rangordnung zum Vorschein kam, die sich dadurch ausdrückt, dass das übergeordnete Tier das Futter des untergeordneten frisst.

„Keine Sorge", sagte Helenas Mutter, „Manda kriegt schon noch ihr Abendessen. Und Freunde können sie anscheinend trotzdem sein. Sie schlafen beide bei uns im Zimmer – wahrscheinlich fühlen sie sich irgendwie als Teil einer großen Familie."

Es blieb keine Zeit mehr, länger über dieses ungewöhnliche Verhalten nachzudenken. Wir ließen sie in Frieden und fuhren durch die Dunkelheit davon, denn wir hatten noch eine lange Nacht und genug Arbeit vor uns, damit das Turnier am nächsten Morgen beginnen konnte.

Als der große Tag gekommen war, hätten wir es uns nicht besser wünschen können. Eine Menge begeisterter Zuschauer hatte sich rings um unsere Eisbahnen versammelt, wo sie spannende Eishockeypartien verfolgten. Zwei Tage lang wurde überall wild gejubelt und das hatte sicher damit zu tun, dass es allen einen Riesenspaß machte.

Als wir zuerst die Kinder und dann Arthur einsammelten, waren wir erschöpft, aber glücklich – glücklich auf die Art, dass man schon vorher weiß, man schläft gleich mit einem Lächeln ein.

Nach dem Turnier war ich erleichtert und froh, dass es so gut gelaufen war. Schon bald aber fing der Alltag wieder an. Ich versuchte mit dem Training zu beginnen, war aber durch das Rennen in Brasilien immer noch geschwächt und fühlte mich nicht wohl. Irgendetwas stimmte nicht und das deprimierte mich.

Also machte ich an einem Morgen im März, was ich immer mache, wenn es mir schlecht geht – ich ging mit meinem Freund Arthur spazieren. Der Schnee war gerade tief genug, dass Arthur seinen Spaß hatte und ich in einen ordentlichen Schritt fallen konnte. Ich setzte die Kopfhörer auf und verließ das Haus in Richtung von Arthurs Lieblingsweg oberhalb der Landstraße. Wir gingen mit zügigen Schritten voran und Arthur fiel wie immer genau in meinen Rhythmus. Die frische Luft tat mir gut, aber körperlich fühlte ich mich nicht so toll und meine Gedanken drehten eine Schleife nach der anderen, als ich herauszufinden versuchte, was mit mir los war.

Das Rennen in Brasilien hatte mich nicht nur körperlich ausgelaugt, auch in meinem Kopf war etwas passiert. So oft während dieses Rennens war ich fast am Ende gewesen: die Hitze, die gefährlichen wilden Tiere, die Erschöpfung und dann der Hitzschlag. Und es gab noch einen anderen Grund, weshalb ich als Sportler nicht mehr derselbe war. Tief in meinem Innern wusste ich, dass ich mein Ziel aus den Augen verloren hatte. Während des Rennens hatte es so viele Momente gegeben, in denen ich auf einmal an meine Familie gedacht hatte – an Helena, die Kinder und Arthur – und ich hatte Fehler gemacht und mich schwach gefühlt. Ich hatte nicht mehr den gleichen Willen wie früher. Wie ich mir jetzt eingestehen musste, hatte ich die Suche nach einem neuen Sponsor halbherzig betrieben. Am Ende des Weges machte ich kehrt und ging wieder zurück.

Beim Aufbruch hatte ich das Bedürfnis gehabt, diese Gedanken in mir kreisen zu lassen. Eins wusste ich jetzt, als ich mir endlich gestattete, den Gedanken zu denken, vor dem ich mich zwei Monate lang gefürchtet hatte: Es war an der Zeit, mit dem Adventure-Racing aufzuhören. Als ich diesen Gedanken an die Oberfläche kommen ließ, merkte ich, dass mir die Tränen kamen. Ich blieb stehen. Arthur sah mich verwundert an. Seltsam, dachte ich unter Tränen, seit ich Arthur gefunden habe, muss ich ständig heulen.

Auf dem Smartphone suchte ich mir Musik heraus. Vielleicht konnte ich mich so ablenken. Es war „Hello", die neue Single von Adele. Ich ging bergab, bis zu unserer Straßenecke. Meine Gedanken überschlugen sich: *Ich werde vierzig dieses Jahr und ich habe zwei kleine Kinder und Arthur, die auf mich angewiesen sind.* Sollte es jetzt tatsächlich so weit sein, dass ich das Leben, das mir die letzten zwanzig Jahre so viel bedeutet hatte, hinter mir lassen musste? *Ist es jetzt aus und vorbei?*

Man hatte mich oft gefragt, wann ich mit dem Adventure-Racing aufhören würde, und ich hatte immer gesagt: Wenn es keinen Spaß mehr macht. Und jetzt – angesichts des enormen Drucks der Sponsoren, Medaillen zu gewinnen, und der Tatsache, dass ich mich noch Monate nach dem letzten Rennen krank fühlte – machte es keinen Spaß mehr.

Ja. Es war Zeit für etwas Neues.

Die Vorstellung eines Lebens ohne Adventure-Racing ließ erneut die Tränen fließen. Weinend stand ich an der Straßenecke. Es war niemand da, der den zähen Adventure-Racer gesehen hätte, wie er mit Tränen im Gesicht zum Himmel hinaufschaute, aber ich glaube, es wäre mir auch egal gewesen.

So konnte ich nicht nach Hause kommen, aber es schien, als könnte ich gar nicht mehr aufhören, so sehr trauerte ich meinem alten Leben nach.

Dann sah ich Arthur an, der still neben mir stand und mich genau beobachtete, und ich dachte: Eine Goldmedaille habe ich zwar nicht und ich habe auch nicht ganz oben auf dem Treppchen gestanden, aber ich habe dich.

Dieser Gedanke linderte den Schmerz. Ich wischte mir die Tränen ab und ging nach Hause. Ich hatte meinen Entschluss gefasst. Es war vorbei. Ich würde kein Rennen mehr bestreiten.

Während der nächsten Tage versuchte ich zu begreifen, was meine Entscheidung (in der mich Helena – wie bei allem, was ich tue – von ganzem Herzen bestärkte) eigentlich bedeutete. Einfach war es nicht. Auch darüber zu reden fiel mir nicht leicht. Aber schon bald musste ich wohl oder übel darüber sprechen. Die Pastorin unserer Gemeinde rief mich an. Sie bat mich, bei einem Vortrag in der Kirche unsere Geschichte zu erzählen und Arthur mitzubringen. Während unseres Gesprächs fragte sie mich, wie es mit dem Adventure-Racing vorangehe.

Ich atmete tief durch. Jetzt musste ich es vor jemandem aussprechen, der nicht zur Familie gehörte. „Um ehrlich zu sein, gar nicht. Ich habe damit aufgehört", sagte ich und klang ruhiger, als ich es erwartet hatte.

„Ich verstehe", sagte sie, obwohl sie es ja gar nicht verstehen konnte. Und nach einer Pause fragte sie: „Und wie geht es Ihnen dabei?"

Irgendwie hatte ich das Bedürfnis, es ihr genau zu erklären. Sie verstand es nicht, das konnte sie ja gar nicht, aber ich wollte, dass sie es verstand. „Also …", sagte ich, „nachdem ich die Entscheidung getroffen hatte, habe ich mich gefühlt, als wäre ein riesiger Bagger gekommen und hätte mir ein großes Stück aus der Seele gerissen. Als hätte er mich ausgehöhlt und das Stück von mir auf den Müll geschmissen."

Am anderen Ende war es still. Ich glaubte, dass sie es immer noch nicht nachempfinden konnte. Also sagte ich: „Sie beten doch sicher. Zu Gott und zu Jesus, oder? Jeden Morgen, gleich wenn Sie aufstehen, dreht sich alles um die beiden."

„Ja", sagte sie, „das stimmt."

„Dann stellen Sie sich einmal vor", sagte ich, „jemand würde kommen und sagen, das dürften Sie nie wieder tun. Sie dürften nie wieder beten. Niemals wieder, den ganzen Rest Ihres Lebens nicht. So ist es für mich. Mit dem Adventure-Racing."

„Ich verstehe", sagte sie langsam. „Ja, jetzt verstehe ich Sie." Ich hörte Mitgefühl in ihrer Stimme. Nun konnte sie wohl nachempfinden, wie ich mich fühlte.

Nach dem Gespräch schaute ich zu Arthur hinüber, der neben mir auf dem Sofa lag. Irgendwie wollte ich weiter darüber reden.

„Aber dich, Arthur", sagte ich zu ihm, „ich habe ja dich. Wir sind zusammen. Dich habe ich ja noch."

Er sah mich mit seinem ruhigen, weisen Blick an. Da kam mir in den Sinn, dass ich bei meiner Entscheidung nicht zufällig mit Arthur allein gewesen war. Es war, als hätte ich mich nur dazu durchringen können, einen so wichtigen Teil von mir aufzugeben, weil er bei mir war. Und weil ich natürlich wusste, dass er für mich da sein würde. Mit diesem Gedanken fühlte ich mich bei Weitem nicht mehr so leer und traurig.

„Auf gehts", sagte ich zu Arthur, „wir gehen spazieren."

Im nächsten Augenblick hatte Arthurs Zauberkraft bereits gewirkt. Es ging mir schon viel besser.

NAME: *Teddie*
ALTER: *7*
BESITZERIN: *Petra*
HERKUNFT: *Marbella, Spanien*
(vermittelt durch „Amigos de los
Animales Abandonados")
HEUTE: *Ålandinseln, Finnland*

„Unser Teddie mag zwar ein geretteter Hund sein, aber er hat unser Leben und das anderer Leute so sehr verändert, dass er es verdient, selbst ein Retter genannt zu werden. Da ich schon als Kind einen Tierschutzhund hatte, beschlossen mein Mann und ich, als unser Familienhund starb, einen Hund aus dem Tierheim zu adoptieren. Wir sahen uns also auf den entsprechenden Websites um und stießen dort auf Teddie, der damals etwa anderthalb Jahre alt war und in Spanien von der Straße gerettet worden war. Weil wir in Finnland in einem Dorf auf einer Insel mit viel Wald und gleich am Meer leben, wollten wir einen Hund, der Gefallen an unserem Leben findet: einen ruhigen Zeitgenossen, der trotzdem Spaß an spontanen Ausflügen zum Wandern, Schwimmen und Angeln hat, an Besuchen bei Freunden und unserer Familie und der mit uns den Sommer in der Hütte meiner Mutter am Meer genießt. Ein Hund, der mit uns überallhin geht und sich in Zukunft gut mit Kindern versteht. Nach allem, was wir von der Organisation erfuhren, klang es ganz so, als könnte Teddie zu dieser Vorstellung passen.

Doch zuerst hatten wir die nicht zu unterschätzende Aufgabe zu bewältigen, ihn von Spanien nach Finnland zu kriegen. Wir holten ihn schließlich am Flughafen ab und hatten auf dem Heimweg eine Stunde Autofahrt und zwei Stunden auf der Fähre vor uns. Mehrmals hielten wir an, um ihm Gelegenheit zu geben, sein Bein zu heben, aber er war so ängstlich, dass er kein einziges Mal pinkeln ging. Die ganze Zeit lag er auf dem Rücksitz, den Kopf auf einen Plüschball gestützt, und reagierte kaum auf das, was wir taten oder zu ihm sagten. Auf dem Schiff war es das Gleiche: Er lag auf dem Boden und rührte weder die Knochen noch das Spielzeug oder die Leckerchen an, die wir ihm gaben. Zu Hause legte er sich gleich auf seine neue Matte und beobachtete, wie wir im Haus umherliefen, er selbst aber bewegte sich keinen Zentimeter. Allmählich wurde uns klar, dass er durch seine schwierigen ersten Monate stärker gezeichnet war, als wir geglaubt hatten. Über die Umstände seiner Herkunft wussten wir nicht viel mehr, als dass er bei seiner Aufnahme im Tierheim nur noch Haut und Knochen gewesen und früher wahrscheinlich geschlagen und misshandelt worden war.

Die ersten Tage mit Teddie waren nicht leicht. Er hatte Angst vor Menschen – vor Männern und Frauen – und auch vor fast allem anderen. Mit meinem Mann wollte er nicht vor die Tür gehen, drei Tage lang wollte er nicht pinkeln und fünf Tage kein Häufchen machen, obwohl wir oft und lange mit ihm Gassi gingen. Wenn jemand auch nur die Hand hob oder einen Besen in die Hand nahm, rannte er so weit weg wie möglich. Sein Futter verschlang er, aber nur wenn wir ihn ein paar Minuten damit allein ließen. Sonst rührte er es nicht an. Wir setzten beim Hundetraining häufig positive Verstärkung ein, um ihm zu zeigen, dass nicht alle Menschen grausam sind und wir ihm keine Schmerzen zufügen wollen. Wann immer er sich ein wenig für einen Gegenstand oder eine Person interessierte, gaben wir ihm etwas Leckeres zur Belohnung. Er sollte sich in unterschiedlichsten Situationen entspannen können, was immer auch passierte. Das Einzige, wobei sich Teddie während der ersten Monate wohlfühlte, war komischerweise die Gesellschaft unserer beiden Katzen – fast schien es, als würde er sich fragen, was das denn für komische Hunde seien.

Nachdem er seine Furcht überwunden hatte, blühte Teddie geradezu auf. Heute ist er ein glücklicher Hund mit einer großen Zuneigung für Menschen. Er stolziert herum, als hätte er schon sein ganzes Leben bei uns verbracht, und wenn seine Lieblingsmenschen zu Besuch kommen, dreht er durch, springt herum und winselt, bis er sie von oben bis unten abknutschen darf. Er schläft für sein Leben gern und schiebt oft ein Kissen oder eine Decke vor sich her, bis er den richtigen Platz gefunden hat, um sich darauf zu betten. Es ist nichts Ungewöhnliches, ihn auf dem Rücken liegend auf dem Sofa oder unserem Bett anzutreffen, beide Vorderbeine in die Luft gestreckt. Er hat auf alles Lust und will überallhin mitkommen. Seit einer seiner Hundekumpels ihm gezeigt hat, wie man Stöckchen holt, jagt Teddie mit Begeisterung allem hinterher, was wir ihn apportieren lassen. Er schwimmt sogar gern, wenn ein Spielzeug mit von der Partie ist.

Da er sich jetzt so wohl bei uns fühlt, stellt er natürlich auch gern ein bisschen Unfug an, was ihn manchmal in die Bredouille bringt. Ich weiß noch, wie wir einmal vergessen hatten das Gittertörchen am Durchgang zur Küche richtig zu schließen, als wir aus dem Haus gingen, sodass Teddie sich durchquetschen konnte und aus unerfindlichen Gründen versuchte, sich eine Bratpfanne vom Herd zu schnappen. Als wir zurückkamen, trug er eine Wunde an der Stirn, wo die Pfanne ihn getroffen hatte, als er es endlich fertiggebracht hatte, sie vom Herd zu stoßen, doch davon abgesehen ging es ihm gut und er hatte erkennbar an seinem Unschuldsblick gefeilt. Ein anderes Mal ließen wir Teddie bei einem Freund, um mit unserem zweiten Hund zu einer Hundeschau in einer anderen Stadt zu fahren. In einem nahe gelegenen Wald hatte unser Hundesitter Teddie von der Leine gelassen, damit er ein bisschen rennen konnte, als er plötzlich ein Kaninchen erspähte und ihm nachjagte. Unser Freund konnte ihn nirgends finden und Teddie war zu weit weg, um ihn rufen zu hören. Etwas später bekamen wir einen Anruf von unserer Nachbarin, die uns erzählte, Teddie sitze ohne Leine vor unserer

Haustür und freue sich offenbar sie zu sehen. Sie ließ ihn in unseren eingezäunten Garten, bis unser Hundesitter ihn abholen kommen konnte. Wenigstens wissen wir jetzt, dass er weiß, wie er nach Hause kommt, falls er sich jemals im Wald verlaufen sollte …

Und nicht nur *unser* Leben hat Teddie zum Besseren verändert. 2013 habe ich mich mit ihm für das Therapiehundeprogramm des Finnischen Roten Kreuzes beworben. Er wurde getestet, bewertet und schließlich zugelassen (wie ich auch), was ihn in diesem Programm zu einem der drei ersten Tierschutzhunde Finnlands und sogar der Welt macht, denn es ist beim Roten Kreuz eine Neuheit. Nun besuchen wir ehrenamtlich Schulen, Kindergärten, Seniorenheime und ähnliche Einrichtungen, um die Menschen dort aufzuheitern. Teddie liebt seine Arbeit und lässt sich gern von Leuten streicheln, die sich wiederum über seine Gesellschaft freuen. Mit seinen elf Kilo springt er schon einmal einer älteren Person auf den Schoß und lässt sich in der nächsten halben Stunde deren Lebensgeschichte erzählen. Ich habe erlebt, wie alte oder kranke Menschen ihre Schmerzen vergessen und wieder ein Leuchten in den Augen haben, wenn Teddie sich mit dem Kopf an ihren Arm kuschelt, um ihnen zu zeigen, dass es ihm gefallen könnte, noch ein bisschen gekrault zu werden.

Er ist ein äußerst liebevoller Hund mit einem großen Herzen und weiß genau, wie er einen zum Lachen bringen oder wieder aufmuntern kann, etwa indem er einem den Kopf in den Schoß legt, wenn man einen schlechten Tag hat. Ich bin sehr stolz darauf, dass mein Hund – ein Streuner, der früher misshandelt wurde – Menschen den Tag erhellen kann, und helfe ihm gern dabei. Außerdem habe ich durch Teddie den nötigen Anstoß bekommen, mich zur Hundebetreuerin ausbilden zu lassen und mich in der Tagespflege für Hunde selbstständig zu machen. Nachdem er mir so viel gegeben hat, möchte ich ihm damit etwas zurückgeben und anderen Hunden ein schöneres Leben ermöglichen, indem ich ihnen an Tagen, an denen ihre Besitzer arbeiten gehen, etwas mehr Abwechslung biete.

Wenn Sie sich überlegen einen Hund zu adoptieren, empfehle ich Ihnen sich gut zu informieren – einen Tierschutzhund aufzunehmen ist gleichzeitig viel Arbeit und ein Geschenk. Achten Sie darauf, einen Hund zu wählen, der zu Ihrer Familie passt, und geben Sie nicht auf, wenn alles Training nicht zu fruchten scheint. Ihr Hund wird es Ihnen danken. Ich habe sehr viel von Teddie gelernt, doch das Wichtigste ist, dass Hoffnung niemals vergebens ist, dass Fleiß sich immer auszahlt und aus einem Hund ein ganz anderes Wesen machen kann. Denken Sie auch daran, dass Sie immer zwei Hunde retten, wenn Sie einen adoptieren – den, den Sie zu sich nehmen, und den, der seinen Platz im Tierheim bekommt, sodass noch mehr Hunde die Gelegenheit bekommen, eine Familie zu finden."

NAME: *Sparky*

ALTER: *14*

BESITZERINNEN: *Lorraine und*
Sappho

HERKUNFT: *Norfolk (vermittelt*
durch „Dogs Trust")

HEUTE: *Norfolk, Großbritannien*

„Hunde begleiten mich schon mein Leben lang, aber die Geschichte von Sparky, dem Hund meiner verstorbenen Mutter Lorraine, ist für mich ein tolles Beispiel dafür, welche Freude einem ein Tierschutzhund bringen kann. Meine Mutter übernahm ihn 2005 vom Dogs Trust Centre des Dorfs Snetterton in Norfolk. Damals war Sparky, ein Border-Collie-Mix, etwa ein Jahr alt, und im Tierheim erzählte man ihr, er sei einsam am Straßenrand gefunden worden – vermutlich, weil er ausgesetzt worden war. Laut seinem Halsband hieß er Yaris (der Name eines Automodells – sehr einfallsreich …). Meine Mutter, die schon immer ein großes Mitgefühl für Tiere gehabt hatte, verbrachte einige Zeit mit ihm beim Dogs Trust, und als sie ihn endlich mit nach Hause nahm, hatte sich bereits eine starke Bindung zwischen den beiden entwickelt. Schon bald gab sie ihm seinen neuen Namen Sparky, der gut zu seinem Charakter und seinem Temperament passte.

Dass Sparky clever war, merkte man gleich, und er hatte eine rudimentäre Hundeerziehung genossen, sodass er schnell auf die Trainingsmaßnahmen meiner Mutter einging und sich schon bald zu einem äußerst wohlerzogenen Hund entwickelte. Er beobachtete meine Mutter genau und ließ sie für eine gewisse

Zeit nicht aus den Augen. Doch er war sehr nervös und Männer mochte er überhaupt nicht – wenn mein Vater ins Zimmer kam, bellte er anfangs immer, was ein bisschen zum Problem wurde, doch dann muss er rasch herausgefunden haben, dass meine Eltern zusammengehörten, und entwickelte schließlich Vertrauen zu meinem Vater. Andere Männer, die nicht der Familie angehörten, blieben ihm allerdings sehr suspekt.

Er liebte Spielzeug, doch am liebsten spielte er zusammen mit Menschen – bei einem Spiel, das mein Bruder erfunden hatte und bei dem man zwei Finger von Sparkys Schwanz- bis zur Nasenspitze über seinen Rücken wandern ließ, wurde er geradezu wild vor Begeisterung –, außerdem spielte er gern mit meinen Hunden. Alles, was mit Bällen zu tun hatte, war für ihn ein herrlicher Spaß, denn er erwischte jeden Ball als Erster, weil er deutlich intelligenter war als meine beiden und immer darauf achtete, in welche Richtung ich warf, während die anderen zwei schon wild im Kreis zu laufen begannen, um den Ball zu suchen. Allerdings waren, selbst als er noch ein junger Hund war, lange Spaziergänge nichts für ihn – da meine Eltern damals bereits ältere Leute waren, nahm ich ihn immer neben meinen beiden Hunden zum Wandern mit, doch nach den ersten zehn Minuten blieb er gewöhnlich einfach stehen, schaute mich mit dem klassischen Hundeblick an und drehte sich dann um, um zurückzulaufen und beim Auto zu warten. Das brachte mich zwar zur Verzweiflung, doch man muss ihm wohl zugutehalten, dass er als junger Hund vermutlich nicht genug Bewegung bekommen hatte, um die nötige Ausdauer zu entwickeln. Oder er wollte einfach zurück nach Hause zu seinem Frauchen.

Er hatte etwa zehn Jahre bei meinen Eltern, in denen sein Leben in recht gleichmäßigen, geordneten Bahnen verlief. Sie unternahmen zwar viel, aber er begleitete sie auch überallhin – nur wenige Male gaben sie ihn in eine Hundepension und dort war er immer gemeinsam mit meinen Hunden. Sie liebten ihn und das war ihm auch bewusst. Er hatte viel Ansprache, er wurde verhätschelt und bekam Leckerchen – und mein Vater, der im australischen Outback aufgewachsen war und zu Hunden ein eher sachliches Verhältnis hatte, veränderte sich durch Sparky komplett. Als er 2014 krank wurde und für mehrere Monate ins Krankenhaus musste, vermisste er Sparky, glaube ich, kaum weniger als die übrigen Familienmitglieder.

Damals bemerkten wir es noch nicht richtig, doch meine Mutter war an Demenz erkrankt. Die Krankheit meines Vaters und sein Tod 2015 machten es noch schlimmer und Sparky wurde zum Fixpunkt ihres Lebens. Obwohl wir versuchten ihr zu helfen, erschwerte ihre Erkrankung unsere Kommunikation sehr und Sparky schien der Einzige zu sein, der tatsächlich zu ihr durchdringen konnte. Nachdem mein Vater gestorben war, saß sie oft da und starrte aus dem Fenster, geistig irgendwo, wohin wir nicht gelangen konnten, doch wenn Sparky sich neben sie setzte und den Kopf auf ihr Bein legte, drückte sie ihn an sich. Sie sang ihm etwas vor und er hörte zu. Wo Menschen bei ihr nicht weiterkamen, weil sie selbst trauerten oder sie nicht verstanden, spürte er offenbar, was sie brauchte, und tröstete sie.

Als sie 2016 in ein Pflegeheim kam, konnte sie ihn nicht mitnehmen. Da ich damals keinen weiteren Hund aufnehmen konnte, nahm Ken ihn zu sich, ein Freund der Familie und Hundeliebhaber, den Sparky schon kannte. Ein paarmal konnten wir es einrichten, Sparky zu einem Besuch im Heim mitzunehmen, doch ein Erfolg war das nicht, vor allem weil Sparky dem Pflegepersonal nicht traute, weil er es nicht kannte – und nach einem Pfleger schnappte. Instinktiv wollte er meine Mutter beschützen und vermutlich verwirrte es ihn, dass sie dort bei fremden Leuten war, die ihn zum Teil nicht sehr freundlich behandelten.

Ein paar Monate später starb meine Mutter und Sparky blieb bei Ken, doch ich sah ihn weiter häufig. Dann nahm unsere

Geschichte eine weitere Wendung. Denn ein paar Jahre später starb traurigerweise auch Ken und Sparky wurde von der Polizei aufgefunden und der britischen Tierschutzorganisation RSPCA anvertraut. Als wir davon erfuhren, fragten wir bei der RSPCA an, ob wir ihn nicht übernehmen könnten. Da unsere beiden Hunde inzwischen gestorben waren, konnten wir wieder einen Hund aufnehmen – und auch ohne diese Voraussetzung hätten wir ehrlich gesagt versucht es irgendwie hinzubekommen. Nun lebt er also bei uns, wo er sich völlig zu Hause fühlt, weil er uns ja von Besuchen gut kennt. Wir schätzen, dass er jetzt ungefähr vierzehn ist, und noch immer jagt er Vögel im Garten, bellt den Postboten an und wälzt sich im Gras. Oft kommt er zu mir und legt mir einfach den Kopf aufs Knie – nicht, um etwas von mir zu verlangen, sondern nur aus Zuneigung. Ken hat immer gesagt, dass ich ihn wahrscheinlich an meine Mutter erinnere. Vielleicht weiß er einfach, dass ich zur Familie gehöre und er bei mir in Sicherheit ist.

Ich finde, Tiere können einen auf eine Weise trösten, wie es kein Mensch vermag, sie können auf eine ganz grundlegende, emotionale und ungeschönte Art kommunizieren – und bei keinem habe ich das deutlicher beobachtet als bei Sparky. Sie schenken uns ihre Zuneigung ohne jeden Hintergedanken. Sie helfen uns, aus uns herauszugehen, und lassen uns unsere wahren Gefühle erkennen, sei es Freude oder Schmerz. Ich glaube, Sparky war aufgrund seines traumatischen Einstiegs ins Leben besonders einfühlsam und er liebte meine Eltern umso mehr, weil sie ihn gerettet und ihm ein paar geordnete und glückliche Jahre geschenkt haben. Und obwohl wir beide Verluste erlitten haben, zeigen wir einander unsere Zuneigung und spenden einander Trost."

NAME: *Ada*
ALTER: *2 1/2 Jahre*
BESITZER: *Alice und Ross*
HERKUNFT: *London (vermittelt durch*
„Battersea Dogs & Cats Home")
HEUTE: *London*

„Da ich mit Hunden und Katzen aufgewachsen bin, fehlte mir zuerst etwas, als ich als Erwachsene kein Tier hatte. Mit einem Hund in der Großstadt zu leben kann anstrengend sein, aber als mein Freund und ich schließlich von unserer Londoner Wohnung aus arbeiten konnten, mit Garten und einem freundlichen Vermieter, wurde uns plötzlich klar, dass es keinen echten Hinderungsgrund mehr gab. Tatsächlich käme es mir nie in den Sinn, *keinen* Tierschutzhund aufzunehmen. Als ich bei meiner Familie aufwuchs, kamen alle unsere Hunde aus dem Tierheim und ich fand den Gedanken abscheulich, einen Rassehund vom Züchter zu kaufen, wo es doch so viele süße heimatlose Hunde gibt.

Wir schalteten beim Battersea Dogs' Home eine Anfrage – da wussten wir schon, dass wir am liebsten eine kleine, jüngere Hündin haben wollten – und wie das Leben so spielt, erschien gleich am nächsten Tag Ada in der Liste der adoptionsfähigen Hunde. Sie ist ein Staffordshire Bullterrier, eine Rasse, die viel negative Presse bekommt, aber als ich sie mir am nächsten Tag ansehen ging (mit einem Freund, weil Ross arbeiten musste), sprang sie gleich an uns hoch und deckte uns mit Küsschen ein. Als Ross sie am nächsten Tag gemeinsam mit mir besuchte, benahm sie sich genauso – sie war wie viele Staffys total vernarrt und anhänglich. Nachdem wir sie beide gesehen hatten, haben wir ehrlich gesagt wohl nie ernsthaft daran gedacht, sie *nicht* irgendwann mit nach Hause zu nehmen.

Als der ganze Papierkram geregelt war, fuhren wir mit ihr im Zug nach Hause, womit sie wie ein alter Hase zurechtkam. Ich weiß noch, wie wir in die Wohnung kamen, uns alle zusammen auf dem Sofa niederließen, als wäre es das Normalste der Welt, bis Ross und Ada einschliefen und unisono zu schnarchen begannen. Alles schien unglaublich einfach – zu einfach, wie sich herausstellte. Als wir abends ins Bett gingen, ließen wir Ada in der Küche und sofort fing sie an zu heulen und hielt uns die ganze Nacht wach. Irgendetwas ist im Leben von Tierschutzhunden immer falsch gelaufen, sonst wären sie nicht in dieser Situation, und sie brauchen Zeit, um das zu bewältigen. Ada stand irgendwann ohne Familie da, weil ihre Besitzer sich getrennt hatten; sie hatten sie gut behandelt und trainiert, aber sie litt ohnehin unter ausgeprägter Trennungsangst. Zu dem nächtelangen Heulen kamen zerfetzte Kissen und sie pinkelte überallhin, wenn wir sie allein ließen, und sei es nur für fünf Minuten. Sie stand oft so sehr unter Stress, dass sie an ihrer Haut knabberte und bald überall entzündete und kahle Stellen hatte. Wir riefen deswegen in Battersea an und bekamen von dem Tierheim viele gute Ratschläge, wie sie durch bestimmtes Training lernen könne, besser mit unserer Abwesenheit zurechtzukommen. Heute, anderthalb Jahre später, schafft sie das schon viel besser (obwohl sie lieber rund um die Uhr mit uns zusammen wäre).

Das Beste an der Aufnahme eines Tierschutzhundes ist, dass man nicht nur sein Leben verändert; umgekehrt ändert auch er Ihr Leben. Als Freiberufler kann man leicht einsam und in sich gekehrt werden, doch weil Ada jeden Tag ihren Spaziergang braucht, muss man einfach vor die Tür. Außerdem kann man sich unmöglich allein fühlen, wenn man einen Hund um sich hat. Sie ist intelligent und kann sich für alles und jeden begeistern. Sie ist nicht im Geringsten hochnäsig oder zurückhaltend, sondern zeigt jedem unverfälscht, was in ihrem großen Herzen vorgeht. (Und außerdem schläft Ada unter meinem Schreibtisch, wenn ich arbeite, was mir im Winter wunderbar die Füße wärmt.) Es ist enorm bereichernd, für jemanden zu sorgen, und Ross und ich spüren, dass unser Leben eine völlig neue Dimension der Liebe, Zuneigung und Freude bekommen hat, seit Ada mit dabei ist.

Natürlich ist kein Hund perfekt und auch Ada hat ihre Macken. Sie schleckt zu gern Gesichter ab, was manchen Leuten mehr ausmacht als anderen. Und sie ist nicht gerade zurückhaltend. Letzten Sommer ist sie mitten auf einen Tisch gesprungen, um den sich einige Leute zu einem wichtigen Meeting versammelt hatten – darauf lagen Baupläne und wichtige Dokumente –, und Ada drängelte sich von einem zum anderen, leckte Gesichter ab und tappte auf den Papieren herum. Aber sie bringt uns auch ständig zum Lachen. Wasser kann sie überhaupt nicht leiden und ich werde nie vergessen, wie wir einmal mit ihr in den Park gingen, wo sie mitten in einen mit Algen bedeckten Teich bretterte, den sie für eine Wiese gehalten hatte, worauf sie eine halbe Minute völlig schockiert mit Algen im Fell dastand.

Falls Bekannte sich überlegen würden einen Tierschutzhund aufzunehmen, würde ich ihnen sagen: ‚Schließt Staffys nicht von vornherein aus!' Außerdem würde ich ihnen empfehlen, sich an eine seriöse Vermittlungsstelle wie das Tierheim in Battersea zu wenden, wo man sich gründlich anschaut, welchen Charakter und welche möglichen Verhaltensprobleme ein Hund hat, und wo man Unterstützung und Hilfe bei der Entscheidung für den am besten passenden Hund bekommt. Jetzt, wo Ada bei uns ist, kann ich mir ein Leben ohne sie nicht vorstellen. Sie ist froh und gutmütig und erinnert uns immer an die schönen Seiten des Lebens. Ada schäumt geradezu über vor Zuneigung für jedes Lebewesen und ist sehr anhänglich zu allen, die ihr Aufmerksamkeit schenken – und auch wir hängen sehr an ihr."

Kapitel 3

King Arthur erobert England

*„Wenn du siegen willst,
bereite dich auf den Kampf vor."*

Dschungel von Ecuador, November 2014

Als wir uns alle hinsetzten – oder besser: zu Boden fallen ließen –, dachte der Hund offenbar, das könne er jetzt ruhig auch tun. Er betrachtete uns vier, die wir steif vor Erschöpfung und Hunger dasaßen, und mit einem Mal knickten seine Beine ein, er plumpste zu Boden und man konnte sehen, dass er seinen Kopf kaum mehr oben halten konnte. Da er merkte, dass wir so bald nicht wieder aufbrechen würden, legte er seinen großen Kopf auf die Pfoten und schloss die Augen.

So still, wie er jetzt dalag, erkannte ich genauer als mir lieb war, dass seine Rückenverletzungen tief und blutverkrustet waren. Sein ganzes Fell starrte vor Schlamm und Blut, und wie es aussah, fehlten in seinem Unterkiefer einige Zähne. Doch trotz seiner misslichen Lage und seines schlimmen Zustands strahlte er eine außergewöhnliche Würde aus. Es schien, als hätte er zwar Entsetzliches erlebt, wodurch er aber weise geworden war – nicht verstört oder schreckhaft.

Geradezu stoisch schien er seine Verletzungen und seinen Hunger zu ertragen. Selbst als er dort liegend vor sich hin döste, umgab ihn noch eine gewisse Aura.

Nachdem wir beschlossen hatten, er habe Nahrung nötiger als wir, kam ich auf die verrückte Idee, ihm etwas auf einem großen Blatt oder etwas Ähnlichem zu reichen, damit es wie eine Gabe oder ein Geschenk aussah. Er sollte wissen, dass wir ihn wertschätzten und auf ihn aufpassen würden.

Ich schlug mich in den Dschungel hinein und fand bald, was ich mir vorgestellt hatte. Bei meiner Suche nach dem größten und besten Blatt, das der Wald hergab, dachte ich immer daran, welche innere Kraft, Weisheit und Würde dieser Hund ausstrahlte. Er hatte zwar kein Rudel unter sich – als er uns fand, wirkte er vielmehr wie ein typischer Einzelgänger –, aber dennoch hatte er die Ausstrahlung eines Anführers, ja eines Königs. Und dann wusste ich, an wen er mich erinnerte: an King Arthur aus den alten Sagen. Mir fiel ein Film ein, den ich viele Jahre zuvor gesehen hatte, und musste daran denken, wie mich die Stärke und die Ausstrahlung dieses Königs beeindruckt hatten.

Arthur, dachte ich. Er ist Arthur.

Örnsköldsvik, Frühjahr 2016

Um das Loch wieder zu schließen, das meine Entscheidung, das Adventure-Racing aufzugeben, in mein Leben gerissen hatte, beschloss ich, mich erneut mit Leib und Seele dem Eishockey zu widmen. Zuletzt hatte ich vor zwanzig Jahren ernsthaft gespielt; jetzt wollte ich an diese wunderbare Zeit anknüpfen und war bereit etwas von meiner Erfahrung an jüngere Spieler weiterzugeben.

Die Mannschaft, der ich beitreten wollte, bestand zum größten Teil aus Leuten, die halb so alt waren wie ich. Sie waren schnell und fit – vielleicht wäre ein bisschen mehr Disziplin schön gewesen. Ich wusste jedoch, dass ich das, was mir an Schnelligkeit fehlte, mit meiner Einstellung und meiner Erfahrung wettmachen konnte und vielleicht auch, indem ich ihnen bei geschäftlichen Fragen und Sponsorenverträgen half. Zuerst jedoch musste ich wieder in Form sein. Also musste ein Trainingsplan her, mit dem ich rundum fit werden würde. Es war höchste Zeit. Aus Brasilien war ich schon lange genug zurück.

Vor meiner Reise vergangenen November hatte meine Herzschlagfrequenz langsame vierunddreißig Schläge pro Minute betragen. Ich wusste, ich war superfit. Nun aber musste ich nach nur wenigen Trainingseinheiten feststellen, dass ich mich noch immer nicht von Brasilien erholt hatte. Irgendetwas stimmte nicht mit mir. Nach den ersten Trainingssessions stieg meine Herzschlagfrequenz an. Und sie ging nicht wieder zurück. Mein Arzt sagte, die Stressreaktion meines Körpers sei gestört. Bei Stress schütte der Körper Adrenalin aus, doch bei mir sei sozusagen der Ausschalter kaputt. Er verglich mich mit einem Auto, das auf jedem Reifen einen anderen Luftdruck hat ... Mit der Zeit werde diese Unausgeglichenheit mir schaden, und wenn ich mir keine Ruhe gönnen würde, stehe es schlecht um meine Gesundheit. Ich hatte offenbar noch Glück, dass das der einzige langfristige Schaden war, den ich durch das ständige Austesten meiner Grenzen davongetragen hatte. Und durch die Behandlungen, die der Arzt mir verschrieb, war er heilbar.

Da ich jetzt wusste, was mir fehlte – und dass man etwas dagegen tun konnte –, war es an der Zeit, mich um eine alte Wunde zu kümmern. Es musste so etwas wie zwanzig Jahre her sein, dass ich meine ganze Ausrüstung aus der Umkleide geräumt hatte, aber ich wusste, dass das letzte Wort zum Thema Eishockey noch nicht gesprochen war. Ich redete mit den Leuten vom Team des Nachbarorts Husum und wir vereinbarten, dass ich vorerst zur Probe mittrainieren durfte. Vor jedem Training während der nächsten Wochen war ich sehr nervös – nervöser noch als vor dem Start eines Weltmeisterschaftslaufs im Adventure-Racing.

Und eines Tages sagten sie mir schließlich, sie würden mich gern im Team behalten. Das war ein großartiger Tag – irgendwie kam es mir wie ein besonderer Sieg vor, nach zwanzig Jahren endlich Teammitglied zu werden –, aber ich wusste, dass mir die größte Anstrengung erst bevorstand, damit ich diesen Platz, den ich mir verdient hatte, auch behielt.

Es war fantastisch, wieder Eishockey zu spielen – und es erfüllte mich mit Freude und Stolz, dass ich den Mut gehabt hatte, nach so langer Zeit wieder damit anzufangen. Ich liebte alles an dem Sport: die Gemeinschaft, das Training spät abends in der Eishalle, den Geruch des Equipments und das Klackern der Schläger gegen den Schienbeinschutz am Beginn jedes Spiels. Außerdem war ich stolz darauf, mich einbringen zu können, indem ich manche meiner alten Sponsoren zur Unterstützung des Klubs durch neue Trikots überredete.

Zwischen Eishockey und Fitwerden verbrachte ich außerdem weit mehr Zeit als gewöhnlich am Schreibtisch. Ende März, Anfang April stand das Buch über Arthur und mich kurz vor dem Abschluss.

Für mich war es eine ganz neue Art der Arbeit, bei der ich das Glück hatte, von der erfahrenen Schriftstellerin Val Hudson unterstützt zu werden. Vor allem aber war es eine unglaubliche Erfahrung, die Geschichte unseres gemeinsamen Kampfs in so vielen Einzelheiten noch einmal zu erleben. Bis spät in die Nacht saß ich vor dem Bildschirm und an vielen Stellen kamen mir die Tränen, ich erinnerte mich an unsere erste Begegnung, unsere gemeinsamen Anstrengungen, die schreckliche Ungewissheit, ob Arthur und ich es schaffen würden, zusammenzubleiben. Und obwohl ich wusste, dass es ja gut ausging, flossen weitere Tränen, als ich unsere Trennung während der Quarantäne erneut durchlebte sowie die Sorgen wegen Arthurs Operationen und die Wut und Verzweiflung, als sich die ecuadorianischen und die schwedischen Behörden gemeinsam gegen uns verschworen zu haben schienen.

Dadurch musste ich auch noch einmal über das Wunder unserer zufälligen Begegnung staunen. Natürlich gibt es zahlreiche bewegende Geschichten über Hunde, die durch die vereinte Kraft von Zuneigung und Entschlossenheit aus furchtbaren Umständen gerettet worden sind. Aber ich wusste, dass die Geschichte von Arthur und mir nicht nur dafür ein außergewöhnliches Beispiel ist, auch das völlig Unerwartete daran machte sie so besonders. Schließlich haben ja die meisten Leute, die Hunde retten, genau das vor. Mir hingegen hatte bei meiner Reise nach Ecuador nichts ferner gelegen. Ich hatte noch nicht einmal darüber nachgedacht, mir einen Hund anzuschaffen, selbst wenn ich nicht darum hätte kämpfen müssen, ihn um die halbe Welt zu mir zu holen.

Während der ganzen Arbeit an dem Buch ging mir nicht aus dem Kopf, was für ein unglaublicher Zufall unser Zusammentreffen gewesen war. Ich hatte keine Ahnung gehabt, dass es Arthur überhaupt gab, aber da wir jetzt so eng miteinander verbunden waren, fragte ich mich, ob er mich nicht die ganze Zeit gesucht hatte. So entschlossen er unserem Team folgte, um bei mir zu sein, koste es was es wolle, musste er irgendwie gewusst haben, dass wir füreinander bestimmt waren. Ich war ja kein Experte für das Verhalten von Hunden, aber bereits damals, selbst mitten im Dschungel, wurde mir klar, dass Arthurs unglaubliche Entschlossenheit – und sein Durchhaltevermögen trotz seiner Verletzungen und seiner Schwäche – etwas Einzigartiges war.

Schließlich war das Manuskript fertig und es war vorbei mit den Tränen. Nachdem die letzten Fahnen freigegeben waren, verging die Zeit wie im Flug und schon hielt ich ein Exemplar der wunderbaren englischen Ausgabe in den Händen.

Vom Verlag hörte ich, dass Arthurs britische Fans sich sehr danach sehnten, Arthur persönlich kennenzulernen, dass die Medien bereits Schlange standen, um das zu ermöglichen, und dass wir unbedingt nach Großbritannien kommen müssten. Uns alle mit den richtigen Papieren ins richtige Flugzeug zu bekommen (denn natürlich reisten wir als Familie) sollte eine ganz eigene Herausforderung darstellen, aber daran sind wir ja gewöhnt.

Wir planten also unsere Reise zur britischen Insel: King Arthur sollte eines seiner Reiche in Augenschein nehmen.

Sollte für mich je die Aussicht bestanden haben, die ganzen Schwierigkeiten rund um die Flüge mit Arthur zu vergessen – spätestens bei der Vorbereitung unserer Publicity-Tour nach Großbritannien war die Erinnerung wieder da.

Ich hatte gedacht, wir wüssten schon alles über Untersuchungen beim Tierarzt, Transportboxen und Flüge mit Hund, und doch beschäftigten uns die auszufüllenden Formulare und die letzten Rücksprachen mit den Fluggesellschaften, dem Verlag und dem Ankunftszentrum für Tiere am Flughafen Heathrow bis fast zum Vortag unseres Abflugs. Und Helena musste außerdem alles für Philippa und Thor einpacken. Obwohl es schon Mai war, rechneten wir in London mit grauem, nassem Wetter, denn so sieht London im Kino doch immer aus, oder?

Irgendwann aber waren wir tatsächlich so weit. Und nicht nur wir, sondern auch meine Eltern und mein Freund Krister, der Fotograf. Bepackt und voller Vorfreude gab unsere Reisegesellschaft bestimmt ein eigenartiges Bild ab und eigentlich hatten wir keine genaue Vorstellung davon, was uns an unserem Ziel erwartete.

Es war ein langer, ermüdender Flug, doch wenigstens wirkte Arthur völlig ruhig, als er in seine Transportbox geführt und von fremden Leuten mitgenommen wurde. Vermutlich wusste er inzwischen genau, dass wir nicht lange getrennt sein würden, und eigentlich war es in seinem kleinen, aber genau auf ihn zugeschnittenen Reiseabteil ja ganz bequem.

Allerdings hatten wir nicht damit gerechnet, dass jemand am Flughafen Stockholm den sorgsam festgeklebten „Hundeausweis" oben auf Arthurs Transportbox wieder entfernen würde. Als wir also spät in der Nacht und todmüde nach vierundzwanzig schlaflosen Stunden landeten, hatten wir – unbeabsichtigt – einen illegalen Einwanderer nach England gebracht. In meinem Eifer, unser Abenteuer im Bild festzuhalten, hatte ich Gott sei Dank ein Foto von der Box gemacht, auf dem der Ausweis noch an seinem Platz war. Dieses Foto war es, das uns nach zwei Stunden Verspätung und vielen Fragen schließlich rettete, sodass wir irgendwann gegen ein Uhr nachts in unserer Ferienwohnung am Londoner Fitzroy Square eintrafen.

Wie Arthurs Transportbox war auch die Wohnung klein und perfekt geschnitten – und darin wahrscheinlich vielen Stockholmer Wohnungen ähnlich. Wohnraum ist in jeder Hauptstadt kostbar und wir hatten Glück, so zentral zu wohnen. Arthur trottete zufrieden umher und schien sein neues Londoner Domizil für gut zu befinden.

Wir kamen gerade ein bisschen zur Ruhe, als Arthur bekannt gab, er müsse mal vor die Tür. Manchmal vergesse ich fast, dass ich dafür verantwortlich bin, Arthur ausreichend Gelegenheit für sein Geschäft zu geben. Vielleicht liegt das daran, dass ich ihn schon immer als einen erwachsenen Freund betrachtet habe, der ganz wunderbar selbst zurechtkommt. Und nicht als jemanden, um dessen Entleerung ich mich kümmern muss.

Obwohl es schon fast zwei Uhr nachts war, schnappte ich mir seine Leine und gemeinsam gingen wir hinaus auf die verlassene Straße. Nachdem wir ein bisschen gerannt waren und das Geschäft erledigt war, gingen wir zur Wohnung zurück, als ich plötzlich bemerkte, dass ich nicht nur den Schlüssel vergessen hatte, sondern auch mein Telefon. Im Haus war alles dunkel und ich wollte weder meine Familie noch unsere Londoner Nachbarn mitten in der Nacht aufwecken. Vor meinem geistigen Auge sah ich uns beide bereits unsere erste Nacht in London an einer Straßenecke verbringen, zusammengekuschelt und uns gegenseitig wärmend wie zwei Streuner. Aber am Ende siegte die Vernunft, und nachdem wir Helena aufgeweckt und eine unruhige Nacht verbracht hatten, ging der Medienzirkus los.

Die ersten Interviews, die wir per Telefon führten, waren nicht sehr anspruchsvoll – einmal abgesehen von dem Journalisten, der dachte, wir kämen aus Finnland. (Lang und breit erzählte er, wie schön Finnland doch sei. Da war es nicht ganz leicht, höflich einzuwenden, dass ich eigentlich aus einem ganz anderen Land am anderen Ufer des Meeres käme.)

Erst am zweiten Tag kamen wir zum ersten Mal so richtig vor die Tür und blinzelten in die Londoner Sonne. Ein gemeinsamer „Präsentationslunch" mit allen an dem Buch Beteiligten stand auf dem Plan, gefolgt von verschiedenen Interviews und einem Telefongespräch mit der BBC. Dabei besprachen wir gemeinsam den Auftritt im Frühstücksfernsehen am folgenden Tag in Manchester. Ohne mich verunsichern zu wollen, hatten die Leute vom Verlag bereits betont, wie wichtig dieser Auftritt sei. Glücklicherweise war ich nicht mehr der ungelenke junge Mann, der so schnell rot wurde. Der Gedanke, alles hinge von einem Interview bei einem bedeutenden Fernsehsender mit Hunderttausenden Zuschauern ab, hätte dieses frühere Ich unheimlich nervös gemacht und womöglich in Schockstarre versetzt.

„Auf gehts, Arthur", sagte ich und hielt seine rote Lieblingsleine gut fest. Überall in der Wohnung verstreut lagen unsere Sachen. Bei zwei Kindern unter drei Jahren kommt unheimlich viel zusammen. Da wollte ich die rote Leine auf keinen Fall aus dem Blick verlieren.

Als ich sie ihm anlegte, um zu dem Essen aufzubrechen, überlegte ich, dass es wahrscheinlich auch ohne Leine sicher genug wäre. Wenn uns nicht gerade eine besonders verlockende Katze auf der Straße über den Weg lief – was auf der viel befahrenen Marylebone Road recht unwahrscheinlich war –, sollte Arthur uns eigentlich nicht von der Seite weichen. Im kühlen Licht dieses Maimorgens jedoch kam mir London sehr fremd vor. Hübsch, aber eigenartig. Und dass Arthur irgendwo anders als an meiner Seite sein sollte, wollte ich mir gar nicht erst vorstellen.

Helena setzte Thor in seinen Buggy und zog Philippa ihre neuen pinken Sachen an. Im Fernsehen sollte sie zwar nicht zu sehen sein, aber wir fanden, sie sollte für ihren ersten Besuch in London ein besonderes Outfit haben.

„London ist so viel schöner und grüner, als ich dachte", sagte Helena auf dem Weg zum Restaurant. Wir hatten einen Umweg durch den Regent's Park gemacht und waren dabei an riesigen, prächtigen alten Wohnhäusern vorbeigekommen. Ich musste mir wieder bewusst machen, dass ja nicht nur Philippa zum ersten Mal in London war, sondern auch Helena. „Ich dachte immer, hier wäre alles ganz grau", fuhr sie fort, „aber das stimmt ja überhaupt nicht. Viele Häuser sind echt total schön!" Wir waren schon ein gutes Stück durch diese Gegend gelaufen und London kam uns viel weitläufiger und malerischer vor als erwartet.

In dem Lokal, einem restaurierten alten Pub mit großen Holztischen im Schankraum und im Freien, waren wir mit meinen Eltern, Krister und Val sowie den Leuten vom Verlag und der Agentur verabredet. Obwohl es nahe an einer viel befahrenen Straße lag, an der viele Fußgänger unterwegs waren, nahm Arthur alles erstaunlich gelassen. Es war, als würden wir in Örnsköldsvik einen kurzen Spaziergang machen. Er tappte neben mir her, sah kaum nach links und rechts und blieb nur hin und wieder stehen, um einen Laternenpfahl mit interessantem Duft zu beschnuppern. Vermutlich dachte er, solange wir alle zusammen wären, müsse alles in Ordnung sein, und wo er schon mal hier sei, könne er gleich herausfinden, wo es für Hunde die spannendsten Gerüche gab.

Hätte er einen unruhigen Charakter, dann wäre es mit seiner Ruhe jetzt wohl vorbei gewesen, denn nahezu jeder Mensch, dem er begegnet war, hatte um ihn ein großes Trara veranstaltet – auf der Straße, im Restaurant, in jedem Geschäft, das wir betreten hatten, und im Park. Und nach unserem Auftritt in der BBC würde das sicher noch mehr werden, wie man uns erklärte, aber ich nahm mir vor, dem ganz entspannt entgegenzusehen. Zumindest Arthur schien nichts von alldem, was während der vergangenen beiden Tage vorgegangen war, besonders zu beeindrucken.

Es war schön, dass es zur Feier des Tages ein solches Zusammentreffen mit so vielen wichtigen Leuten gab – wichtig für uns und für das Gelingen des Buchs. Nach dem Essen stand ich auf und hielt eine Rede, um allen für das zu danken, was sie geleistet hatten. Meine beste Rede war es nicht, vor allem weil Arthur dann doch ein bisschen Unruhe verbreitete und offenbar genug davon hatte, zu meinen Füßen zu sitzen. Stattdessen ging er alle im näheren Umkreis begrüßen. Ausgerechnet bei meiner besten Pointe trottete er mit seiner schicken roten Leine im Schlepptau los, um nachzusehen, ob die Leute am Nachbartisch nicht Unterstützung bei ihrem Lunch brauchten.

Doch da wir anschließend zu den Londoner BBC-Studios aufbrechen mussten, um weitere Interviews zu geben, verlief schon bald wieder alles in geordneten Bahnen. Danach blieb gerade noch Zeit für ein Treffen mit Arthurs Fans im Verlag, ehe wir zum Zug nach Manchester mussten.

Man hatte mich bereits vorgewarnt, dass die Belegschaften sämtlicher Firmen im Verlagsgebäude – einem riesigen Bürohaus mit Dachgarten und Blick auf die Themse – nichts sehnlicher erwarteten, als endlich Arthur kennenzulernen. Während wir von der BBC aus hinüberspazierten, betrachtete ich ihn, wie er gelassen neben mir hertrottete, und überlegte, dass das im Vergleich zu seiner Ankunft in Schweden mit all den Pressekonferenzen und

Menschenmengen am Flughafen wahrscheinlich keine große Sache für ihn werden dürfte.

Die Presseagentin des Verlags erklärte mir, die Gebäudeverwaltung habe Arthur erlaubt, das Haus zu betreten, vorausgesetzt er werde bei unserem Eintreffen am Empfang ordnungsgemäß beaufsichtigt. Nichts leichter als das. Er war sorgsam angeleint, als wir an die Empfangstheke traten, um unsere Besucherausweise abzuholen. Ich glaube, man muss sie eigentlich wieder abgeben, wenn man das Gebäude verlässt, aber ich wusste schon jetzt, dass unsere später in unserem Familien-Scrapbook landen würden. Der „Besucherausweis für Arthur Lindnord" in seiner Plastikhülle sollte auf jeden Fall in unsere Familiengeschichte eingehen.

Beim Aussteigen auf einer der oberen Etagen wartete schon eine Menschenmenge vor dem Aufzug, um einen Blick auf unseren Helden zu werfen. Wie immer ging Arthur gelassen damit um und ließ sich ganz ruhig und gentlemanlike von einer schier endlosen Reihe bezauberter junger Verlagsmitarbeiter tätscheln und streicheln.

Doch dann muss ihn die Unruhe gepackt haben, denn er rannte bis ans andere Ende der Etage, sah sich dort kurz um und kam wieder zurück, nur um erneut loszurennen. Daher gingen wir mit ihm auf die Dachterrasse, wo er ein bisschen überschüssige Energie loswerden konnte, ehe es mit dem offiziellen Teil losging.

Dort oben, von wo man einen schönen Ausblick auf die St.-Paul's-Kathedrale, den Fluss und die enormen Wolkenkratzer im Hintergrund hat, rannten er und Philippa wie wild umher. Arthur war der Ansicht, er hätte rechtmäßigen Anspruch auf die Schokolade, die Philippa in der Hand hielt, und sprang bellend vor ihr hoch, als wollte er sagen: „Gib mir das doch bitte mal." (Dabei weiß Arthur ganz genau, dass Schokolade für Hunde nicht gesund ist, so abgehärtet ihr Verdauungsapparat durch das Leben im Dschungel auch sein mag. Das hält ihn aber nicht davon ab, darum zu betteln oder sogar hier und da versuchsweise daran zu schnuppern und zu lecken.)

Da wir aber einen strengen Zeitplan hatten und nun der offizielle Teil begann, gingen wir wieder hinein und ich bereitete mich auf meine Rede vor. Ich wollte mit Arthur gern vor einem Regal stehen, in dem nur Exemplare unseres Buchs und des neuen Stephen-King-Romans standen (diese beiden nebeneinander zu sehen war ziemlich cool). Ich sah mich nach Arthur um. Gerade hatte er noch viel Unruhe verbreitet, aber jetzt war nichts mehr von ihm zu hören oder zu sehen. Ich schaute um die Ecke in einen Gang, der zu dem riesigen Konferenzraum mit seinen Glaswänden führte. Und ich hörte ein Geräusch. Ein lang gezogenes Zischen. Arthur schaute hoch konzentriert geradeaus, während er das Bein an der Glaswand hob, so lange, wie ich es selten bei ihm gesehen habe.

Oh je! Gut, dass alle Arthur lieben. Unter viel nachsichtigem Gelächter schnappten sich einige Leute Papierhandtücher und saugten damit wenigstens das Gröbste auf. Dem Reinigungspersonal wurde übermittelt, dass am nächsten Morgen eine wichtige Teppichreinigung zu erledigen war.

Ich hätte wohl dafür sorgen müssen, dass Arthur mal vor die Tür ging, bevor er „musste", aber auch das zeigt wahrscheinlich, dass ich in ihm eher einen selbstständigen erwachsenen Freund sehe. Ein bleibender Schaden war jedenfalls nicht entstanden und wir gingen zurück zu den Präsentationsregalen, wo der offizielle Teil begann.

Ich glaube, es war – genau wie zuvor im Restaurant – eine ganz gute Rede: Ich dachte daran, allen wichtigen Leuten zu danken und zu erwähnen, wie unglaublich es doch war, dass wir jetzt hier in London einen Hund feierten, der mir am anderen Ende der Welt nachgelaufen war; ich redete darüber, wie das Leben doch spielt, dass ein misshandelter, verletzter südamerikanischer Hund es so weit bringen kann, dass er in London wie königlicher Besuch empfangen wird. Und genau an diesem Punkt konnte weder ich noch irgendjemand anderes verstehen, was ich sagte. Arthur bellte mit solch ohrenbetäubender Begeisterung, dass wir die Rede Rede sein ließen. Ohnehin war es Zeit, zu seiner ersten Zugfahrt aufzubrechen.

Am nächsten Morgen wurde ich ungewohnt früh wach und musste zuerst scharf nachdenken, wo um alles in der Welt ich überhaupt war. Es dämmerte mir erst ganz allmählich: in einem Hotel in Manchester in der Nähe der BBC-Studios. Einen Augenblick lang glaubte ich wegen der befremdlichen Austauschbarkeit der Zimmereinrichtung, ich müsste wohl unterwegs zu irgendeinem Rennen am anderen Ende der Welt sein. Dann hörte ich ein Schnuffeln am Fußende. Arthur wälzte sich auf dem Bett. Da fiel mir ein, dass heute unser großer Tag im Fernsehen war.

Wie erwartet hatte Arthur am Abend zuvor höfliches, aber unaufgeregtes Interesse am Ablauf von Zugreisen gezeigt. Er war mit mir, dem Verleger und der Presseagentin in unseren Wagen gestiegen und hatte sich gleich in der Mitte des Gangs niedergelassen. Ich versuchte gleich, ihn dazu zu bewegen, ein bisschen Platz zu machen, stellte aber schnell fest, dass es den anderen Passagieren ganz recht war, wo er lag. So konnten sie leichter zu ihm kommen, um ihn zu begrüßen.

Die Taxifahrt zum Hotel gefiel ihm aus einem anderen Grund: Er durfte am Fenster sitzen. Das ist bei Autofahrten typisch Arthur. Wie bequem er sitzt, ist ihm egal, solange er nur nach draußen schauen kann. Schon bei unserer ersten gemeinsamen Autofahrt, vom Dschungel zur ecuadorianischen Hauptstadt Quito, war mir das aufgefallen. Obwohl es seine erste Fahrt gewesen sein muss – oder zumindest seine erste längere Autoreise –, hatte er sich sehr schnell daran gewöhnt und war zufrieden, solange er seinen Kopf hoch genug halten konnte, um hinauszuschauen. Nicht mit dem Kopf aus dem Fenster, wie man es manchmal bei Hunden sieht, es reichte ihm, einfach sehen zu können, was draußen vor sich ging.

„Hey, Arthur", sagte ich zu ihm, „Zeit zum Aufstehen. Heute ist unser großer Tag. Heute werden dich eine Menge Leute sehen und wir müssen uns beide von unserer besten Seite zeigen."

Sein Schwanz schlug gegen das Bett, fast als wüsste er, dass heute ein wichtiger Tag war, auf den er sich freute. Dank seines neuen Schnitts sah er richtig schick aus – ich hatte nämlich beschlossen, dass er für einen Frühlingsausflug nach London viel zu viel Wolle am Leib hatte, und sein Fell ordentlich stutzen lassen. Er sah immer noch wunderbar goldfarben und flauschig aus, trug aber weniger wolligen Wildwuchs als noch vor einer Woche. Ich drückte ihn und freute mich erneut darüber, wie schön sein Fell glänzte und wie gesund er aussah.

Eine halbe Stunde später trafen wir im Studio ein. Und obwohl der Verleger und die Presseagentin sich alle Mühe gaben, so zu wirken, als würden sie jeden Tag schwedische Sportler mit ihren Tierschutzhunden ins Fernsehstudio begleiten, merkte ich, wie angespannt die beiden waren. Die Agentin bemerkte, sie halte wohl zum ersten und einzigen Mal Notfall-Leckerli in der Tasche bereit, falls ihr Autor spontan eins brauche. Ich dachte einen Augenblick darüber nach, wie die Leute diesen Job eigentlich meisterten. Wie viel Stress musste es doch verursachen, ständig Leute umherzulotsen und zu hoffen, dass ihr Zug keine Verspätung hatte, dass sie nichts Anstößiges sagten, den Termin nicht versäumten und nicht unhöflich zu dem Moderator waren …

Zwanzig Minuten später konnte ich die beiden noch angespannter erleben. Vor dem Hauptprogrammpunkt, der Sendung *BBC Breakfast*, war ein Interview für eine Kindernachrichtensendung an der Reihe. Die Studios waren ganz chic und neu, worauf alle, die uns herumführten, offenbar mächtig stolz waren. Aus irgendeinem

Grund war Arthur so munter, beißlustig und neugierig wie nie und hatte nur Unsinn im Kopf. Gleich zu Beginn lief er einfach los und begutachtete eine der neuen, hochmodernen Kameras am Set. Als er bei seiner Erkundung ein paarmal danach schnappte und sie dabei fast umstieß, sah ich, wie die Studiomanager der BBC ein bisschen nervös wurden.

Ich erklärte, er würde sich vermutlich besser benehmen, sobald wir neben dem Moderator auf dem Interviewsofa säßen. Doch da hatte ich mich getäuscht. Als Erstes fing er an spielerisch mit mir zu raufen und auf seine typische Art nach meinem Handgelenk zu schnappen. Dann sprang er ständig von der Couch herunter und wieder hinauf und beschloss, dass der Moderator – ein junger Mann, der mit viel Engagement so tat, als fände er all das unheimlich süß – auch mitspielen sollte. Als Arthur schließlich sanft seinen Arm mit dem Maul umfasste, fand ich, jetzt reichte es, und setzte ihn (Arthur) auf den Boden.

Am Ende kam tatsächlich ein tolles Interview dabei heraus, aber wir waren alle froh, dass es nur eine Aufzeichnung war und die allzu lebhaften Szenen rausgeschnitten werden konnten (per Twitter machten sie später im Netz die Runde).

Bei der Hauptsendung allerdings konnte nichts geschnitten werden. Da *BBC Breakfast* eine Livesendung ist, würde das ganze Land – oder zumindest diejenigen Briten, die morgens um zehn vor neun fernsehen – alle möglichen Katastrophen mitverfolgen können. Es war noch eine halbe Stunde bis zu unserem Auftritt und Arthur war noch immer sehr lebhaft. Daher machte ich, was ich immer tue, wenn eine schwierige Situation noch schwieriger zu werden droht: Ich rief Helena an.

„Mach doch, was die Trainerin gesagt hat, und geh ein paar Minuten mit ihm vor die Tür. Wenn er draußen ein bisschen rumspringen und sich auspowern kann, wird er vielleicht ruhiger", sagte sie. Ich fand, das war eine gute Idee, denn offenbar wollte Arthur gerade meine ganze Aufmerksamkeit für sich allein. Also legte ich ihm die Leine an und nahm ihn mit nach draußen auf die Straße vor dem Studio. Ich weiß nicht, was die Leute dachten, die gerade zur Arbeit ins Büro kamen. Wir sprangen nämlich wild umher, ich drehte mich mal hierhin, mal dahin, und Arthur sprang an meinem ausgestreckten Arm hoch – „Arthur, komm her!", „Arthur, hopp!" –, bellte und hatte den Spaß seines Lebens. Nach etwa zehn Minuten hatten wir uns vermutlich genug verausgabt und ich führte ihn zurück ins Studio.

Während wir hinter den Kulissen auf unseren Auftritt warteten, beendete ein Sportreporter gerade seinen Bericht über ein Golfturnier. Arthur war zwar nicht im Bild, stand aber nur einen knappen Meter daneben und winselte ein bisschen. Schon schwenkten die Kameras und filmten ihn, wie er auf seinen Auftritt wartete.

„Herrje", dachte ich, „er hat immer noch was zu erzählen. Das kann ja heiter werden." Da ich aber meinen Notfallhundeknochen dabeihatte, war Arthur beschäftigt, als wir uns schließlich auf das Sofa setzten. Die beiden Moderatoren stellten sich als sehr nett heraus, die ganze Sendung kam mir gelungen vor und nicht zuletzt war Arthur ganz brav.

Froh und erleichtert saßen wir später im Zug zurück nach London und freuten uns umso mehr, als wir die Nachricht bekamen, dass die Verkäufe und die Zahl der Anfragen zu unserem Buch seit der Sendung in die Höhe geschossen waren. Noch ein großer Medientermin stand am folgenden Morgen auf dem Plan, aber fürs Erste konnten wir uns bei unserer Rückkehr ein bisschen Ruhe gönnen.

Doch damit war es leider nicht weit her. Kaum war ich in unserer Wohnung angekommen, fielen Philippa und Thor auch schon über mich her –„Papa ist wieder da, können wir was spielen?" – und natürlich fand ich das süß, aber so gab es kaum Gelegenheit, kurz Pause zu machen und neue Kraft zu schöpfen.

Mir wurde klar, dass es ganz unterschiedliche Arten der Schlaflosigkeit und der Müdigkeit gibt – da kann man als Adventure-Racer noch so sehr an Schlafentzug gewöhnt sein. Ich fand es auf ganz andere Weise kräftezehrend, in Sendungen aufzutreten und Englisch zu sprechen. Arthur hingegen schien ganz er selbst zu sein. Hier in England bemerkte ich keinen noch so kleinen Unterschied in seinem Verhalten; es schien, als könnte er sich überall wohlfüh-len, solange wir nur zusammen waren.

Mit diesem Gedanken schlief ich an diesem Abend schließlich ein. Als ich am nächsten Morgen immer noch müde aufwachte, war dieser Gedanke immer noch in mir und ich fühlte mich bereit für das wichtige Radiointerview an diesem Vormittag.

Bei unserer Ankunft beim Sender wurden wir herzlich begrüßt. Alle waren freundlich und hatten nichts gegen ein paar Albernhei-ten im Studio, wo wir ein Foto von Arthurs erster Moderation für Radio 4 machten.

Die Sendung lief eigentlich ganz gut. Leicht fiel es mir nicht, mich zwei Stunden über alle möglichen Dinge zu unterhalten, die mir nur wenig sagten, aber unsere Geschichte konnte ich, glaube ich, gut vermitteln. Arthur jedenfalls wirkte zufrieden, er lag die ganze Zeit zu meinen Füßen und ließ sich von all den Stimmen und dem ganzen Trubel überhaupt nicht stören.

Anschließend hatte ich einen Tag Zeit, London mit meiner Familie zu erkunden. So anstrengend unsere kleine Tournee auch gewesen war, so sehr freute ich mich auch, dass alles geklappt hatte. Daher wollten wir an diesem Sonntag unseren Ausflug nach Eng-land noch einmal richtig genießen.

Wir fanden, dass kaum etwas so typisch englisch war wie die Wachablösung am Buckingham Palace, das Changing of the Guard.

Der Palast war bei unserem Besuch also die Kulisse einer prachtvollen Zeremonie. Die einzige andere lebendige englische Tradition, die ich kannte, waren die aggressiven Parlamentsdebatten, die man manchmal im Fernsehen verfolgen kann. Ich stand daher englischen Traditionen eher skeptisch gegenüber. Und ich weiß, dass ich in Schweden nicht der Einzige bin, den diese Szenen aus dem Unterhaus ein wenig an einen Zoo oder einen Bärenkampfplatz erinnern.

Als wir uns jedoch durch die Menschenmassen zur Mall und zum Buckingham Palace durchkämpften, bestaunten wir sprachlos die prächtigen Gebäude, und als die Kapelle den Regimental Slow March zu spielen begann, kamen wir angesichts der glanz- und würdevollen Darbietung aus dem Staunen nicht mehr heraus. Ich finde, Großbritannien sollte eine Behörde haben, die nur solche Bilder und Filme herausgibt – keine Parlamentsdebatten mehr, nur noch die Wachablösung in Endlosschleife!

Bei all dem überraschte mich, wie leicht sich meine Familie an diesen fremden Ort mit seinen Menschenmassen gewöhnte. Während unseres ganzen Fußwegs und bei unserer Suche nach einem guten Platz in der Zuschauermenge waren die Kinder zwar aufgeregt, aber nicht ängstlich. Und Arthur schlängelte sich zwischen den Beinen von Hunderten Menschen durch, als wäre er schon als Welpe auf den Straßen Englands in großen Menschenmengen unterwegs gewesen. Und als uns jemand fragte: „Das ist doch Arthur, oder? Der Streuner, den Sie gerettet haben … das ist aber ein Hübscher", nahm Arthur auch das ganz gelassen.

Wir betrachteten ihn, der all das in Gang gebracht hatte. Zur Abwechslung saß Arthur einmal still und schaute erwartungsvoll zu uns herauf. Gerade hätte er eine Runde Rennen im Park eigentlich spannender gefunden, als zuzuhören, wie sich andere Leute über ihn unterhielten. Und auch danach bekam er kaum Gelegenheit zum Rennen, denn schon im nächsten Moment kamen wieder Leute auf uns zu – eine Mutter mit ihrem Sohn. Sie grinsten über das ganze Gesicht, und sobald sie in Hörweite waren, riefen sie uns schon zu: „Wir sind aus Ecuador! Und das ist doch Arthur! Er ist ja so berühmt geworden. Wir lieben ihn!" Und sie beugten sich zu ihm herab und veranstalteten einen Riesenwirbel um ihn.

Wieder einmal musste ich tief durchatmen und mich kneifen. Da gab es doch tatsächlich zwei Leute vom anderen Ende der Welt, die wir nie zuvor gesehen hatten und die mitten in London auf uns zukamen, weil sie sich freuten einen ehemals verwahrlosten Straßenhund zu sehen. Einen Hund, der es allen Unwahrscheinlichkeiten zum Trotz geschafft hatte, ein neues Zuhause zu finden.

Ich hielt einen Moment inne und musste schon wieder darüber staunen, welche starke Wirkung unsere Beziehung zueinander doch hatte – und das nicht nur auf Arthur und mich, sondern auch auf Menschen aus der ganzen Welt.

NAME: *Lubomir Visdogsky (nach einem slowakischen Eishockeyspieler), aber wir nennen ihn einfach Lubo*
ALTER: *8*
BESITZER: *Erin und Roger*
HERKUNFT: *Tierheim „Mae Bachur" in Whitehorse, Yukon, Kanada*
HEUTE: *Provinz Yukon*

„Heute können wir uns ein Leben ohne Lubo gar nicht mehr vorstellen, aber so lange ist es gar nicht her, dass es noch ein Wunschtraum für uns war, einen Hund zu besitzen. Seit ein paar Jahren sind Roger und ich verheiratet und wir haben immer in Großstädten gelebt (in Vancouver und Ottawa), aber als Roger einen Job in der Provinz Yukon bekam, hat sich für uns alles verändert: Wir packten alles zusammen und zogen in eine Stadt mit 25 000 Einwohnern, mehr als dreißig Fahrstunden nördlich von Vancouver.

Nach unserem Umzug hüteten wir zuerst das Haus anderer Leute, weil wir noch kein eigenes gefunden hatten. Dort wohnte ein Hund namens Arlo, ein Gelegenheits-Pizzadieb, der uns außerdem unsere Herzen stahl. Wir verguckten uns total in ihn und schürten bis zuletzt die unbegründete Hoffnung, dass wir ihn am Ende vielleicht doch behalten könnten, aber natürlich mussten wir ihn zurückgeben. Damit wurde uns jedoch klar, was uns fehlte: ein Hund. Etwas anderes als einen Tierschutzhund aufzunehmen stand nie zur Debatte. So viele brauchen ein Zuhause. Und wir brauchten einen Hund.

Weil wir wussten, dass wir keinen Welpen haben wollten, gingen wir zum Tierheim am Ort, um uns ausgewachsene Hunde anzusehen. Obwohl einige verfügbar waren, mochten wir an Lubo besonders, dass er ein Stück kleiner war, ohne gleich ein ‚kleiner Hund' zu sein, wenn Sie verstehen, was ich meine. Zu Anfang gingen wir jeden zweiten Tag mit ihm spazieren. Damals hieß er noch Mr Bear und wir fanden ihn ziemlich süß, wenn auch charakterlich etwas verschroben. Außerdem schien er nicht zu begreifen, wie man an der Leine geht, was unsere Ausflüge einigermaßen interessant machte. Laut offiziellen Angaben war er zwischen sechs und neun Jahre alt, aber da wir ihn jetzt besser kennen, glauben wir, dass er höchstens sechs war. Ins Tierheim war er gekommen, nachdem ihn der städtische Tierdienst aufgelesen hatte. Vermutlich war er bereits seit einiger Zeit auf den Straßen unterwegs gewesen, und das bei den hiesigen arktischen Dezembertemperaturen. Und er war nicht zum ersten Mal eingefangen worden; seine früheren Besitzer hatten ihn bereits einmal abgeholt, nun aber wollten sie ihn nicht mehr haben. Außerdem war er in der Vergangenheit misshandelt, ausgesetzt und vernachlässigt worden. Doch trotz dieses schwierigen Starts ins Leben hatte er etwas Besonderes und irgendwie spürten wir, dass er der Richtige für uns war. Daher beschlossen wir ihn zu adoptieren.

Sobald wir von dem Tierheim erfahren hatten, dass unsere Referenzen überprüft worden waren, fuhren wir gleich morgens zum frühestmöglichen Zeitpunkt hin. Lubo erkannte mich, aber die Frauen vom Tierheim hatte er genauso gern und deshalb war er zuerst sehr ängstlich, als wir ihn zu uns nach Hause brachten. Auch im Haus ließen wir ihn an der Leine, weil die Größe unserer Wohnung ihn anscheinend erschlug. Ursprünglich wollten wir ihn nachts nicht ins Schlafzimmer lassen, doch er heulte die ganze Nacht, bis wir schließlich die Leine am Fuß des Bettgestells befestigten, während er neben dem Bett auf seiner Matte aus dem Tierheim schlief. Es gab ein paar Unfälle, und als wir uns ein Treppengitter für Kleinkinder besorgten, damit er sich nur in einem

Heute ist Arthur ein
selbstverständlicher
Teil der Familie.
Er begleitet uns
überallhin und ein
Leben ohne ihn
können wir uns nicht
vorstellen.

In wahrhaft
königlicher Pose
macht Arthur seinem
Namen alle Ehre.
An Schwedens Höga
Kusten, der Hohen
Küste.

Den Medienzirkus in London mit Fernseh- und Zeitungsinterviews, Events und Radioauftritten nahm Arthur ganz gelassen.

Die Lindnords (ohne den schlafenden Thor) am Piccadilly Circus. Nicht nur Arthur hatte es offenbar weit gebracht.

Obwohl er aus
Südamerika stammt,
liebt Arthur Kälte
und Schnee. Bei all
unseren Wander- und
Campingtouren ist
er dabei – nur die
Suche nach Wasser
fand er wohl weniger
spannend.

In der
Vorweihnachtszeit
spielte Arthur gern
Santa Lucia für
uns – wenn auch
nur kurz …

Von Anfang an war Arthur ganz sanft und vorsichtig zu
Thor. Inzwischen sind die beiden die dicksten Freunde.

Philippa und Thor lieben Arthur wie einen Bruder und ich bin glücklich darüber, dass sie mit ihm aufwachsen.

Wir genießen den schwedischen Sommer beim Familienpicknick.

In einem
Buchladen auf
unserer Tour
durch Schweden
freut Arthur
sich über seinen
ersten Platz.

Cool wie ein alter Fernsehhase: Arthur vor seinem Auftritt bei STV1.

Arthur beim Start des ersten „Arthur and Friends"-Sponsorenlaufs.

Mein bester Freund und ich chillen an einem meiner Lieblingsplätze.

Seit unserer ersten Begegnung hat sich unser Leben völlig verändert,
doch was bleibt, ist unsere Freundschaft.

Teil des Hauses bewegen konnte, stürmte er einfach durch. Auch seine Neigung zu Unterwürfigkeit und Furcht traten ganz in den Vordergrund, als er zu uns nach Hause kam, und vor allem Roger gegenüber plagte ihn eine schreckliche Trennungsangst. Obwohl er nie eine Hundeerziehung genossen hatte, stellten wir schon bald fest, dass er schlau war. Vielleicht ein bisschen zu schlau …

Gegen die Trennungsangst haben wir viel ausgerichtet, indem wir ihm ein Überwachungssystem (einen Skype-Account mit automatischer Rufannahme) installiert und viele weitere Strategien ausprobiert haben. Völlig befreit ist er davon noch nicht, aber er kommt schon viel besser klar als zu Anfang. Auch an seiner Unterwürfigkeit gegenüber Roger mussten wir arbeiten. Offenbar hat Lubo große Angst vor dem dominanten ‚Männchen', doch glücklicherweise konnten wir sichere Zonen einrichten, wo die beiden auch kuscheln und einander nahe sein können. Eine dieser Zonen ist die sogenannte Kissenecke. Eigentlich war sie als Platz zum Lesen und Stricken gedacht, aber jetzt ist sie Lubos Ecke. Dort schläft er jede Nacht und manchmal nicken auch wir dort ein. Da Roger oft auf Dienstreisen ist, verbringen Lubo und ich viel Zeit dort.

Heute geht es Lubo prächtig. Wenn er allein ist, kämpft er zwar noch gegen Trennungsangst an, aber inzwischen ist es mit einem kurzen Heulanfall und nervösem Auf-und-ab-Gehen getan, anders als zu Beginn dauert es nicht mehr fast den ganzen Tag an. Und da er jetzt entspannter ist, tritt auch seine Persönlichkeit deutlicher zutage. Wie gesagt: Er ist schlau! Beim Training für erwachsene Hunde war er unter den Klassenbesten. Das nützt ihm unter anderem beim Finden von Essbarem in unserem Haus. Auf meiner diesjährigen Weihnachtskarte steht eine Liste der Dinge, die er (leer)gefressen hat:

Einen Laib Brot, einen Haufen Trauben*, ein halbes Päckchen Rosinenbrötchen, eine Packung Gesichtsmaske, einen Tiegel Lippenbalsam, Mehl, Reis, Linsen, Gerste, eine halbe

Zwiebel**, Kaffeebohnen, die Hälfte von Rogers Halloween-kürbislaterne, Backzutaten (Graham-Cracker, weiße Schokolade), ein Glas Erdnussbutter (die er überall im Haus verteilte), einen Apfel, eine Banane (mit Schale, aber ohne Stiel), zirka dreißig Guavenbonbons (jeweils einzeln ausgepackt), zwei Tafeln Schokolade, mindestens vier Müsliriegel, zahllose Taschentücher (viele benutzt, aber nicht alle) und Kerzen.
* Führte zu einem Aufenthalt in der Tierklinik.
** Mussten wir ihn erbrechen lassen, da Zwiebeln für Hunde giftig sind.

Um an diese Dinge zu gelangen, hat er Gittertörchen durch- und Türsicherungen aufgebrochen und gelernt, wie man sowohl Schranktüren öffnet als auch die Spülmaschine, um leichter auf die Arbeitsfläche zu kommen ... Einmal haben wir ihn per Video beobachtet, wie er einen Servierlöffel als Werkzeug benutzt hat, um weiter hinten liegende Dinge von der Arbeitsfläche zu ziehen. Wie gesagt – vielleicht zu schlau.

Von Essen ist Lubo tatsächlich wie besessen. Wir machen schon Witze, dass er auf Kohlenhydrate steht, weil er mehr als nur einen Laib Brot gefressen und sich auch einmal über das Mehl hergemacht hat. Kürzlich jedoch ist er auf den Geschmack von Avocados gekommen. Eine Tüte der Früchte lag zu dicht am Rand der Arbeitsfläche, sodass er sie herunterziehen konnte. Als wir nach Hause kamen, fanden wir den ganzen Boden mit Avocado beschmiert vor sowie die übrig gelassenen Schalen und Kerne. Anderthalb Avocados hatte er gefressen und eine halb gefressene fanden wir in seiner Hütte. Zwei Stunden später rannte er erneut mit einer Avocado vorbei. Irgendwo hatte er sie gebunkert! Er hat uns zu mehr Ordnung erzogen, denn wenn irgendwo Lebensmittel offen herumliegen, klaut Lubo sie bestimmt.

Unter anderem wegen seiner Eigenarten mögen wir ihn so sehr, auch wenn dadurch manchmal nicht alles ideal läuft. Unter anderem mussten wir lernen, dass man Lubo mit nichts allein lassen darf, was auch nur entfernt an Seile erinnert. Da er oft tagelang draußen angebunden war, bevor er zu uns kam, selbst im harten Winter in Yukon, hat Lubo gelernt das Seil durchzunagen, an dem er hing. Aufgrund dieser Angewohnheit beißt er jetzt alles durch, was er für irgendeine Art Seil hält. Wir besitzen keine einzige Einkaufstasche mit intakten Griffen, Rucksäcke müssen wir verstecken, seine Leinen sind dort verstaut, wo er nicht drankommt, Schnürschuhe müssen in den abschließbaren Schuhschrank und wir mussten auf die harte Tour lernen, dass er nicht allein im Auto bleiben darf, denn einmal hat er in kürzester Zeit drei Anschnallgurte zernagt, und das kurz bevor wir uns aus Alaska auf den Rückweg nach Yukon machen mussten.

Aufgrund seiner Vergangenheit hat er auch nie die Spiele gelernt, die Hunde normalerweise spielen, wie ‚Hol das Stöckchen' (daran arbeiten wir gerade). Stattdessen spielt er ein Spiel, das wir nach dem Manöver im American Football, bei dem die Spieler den Ball durch ihre eigenen Beine nach hinten geben, *Hut, hut, hut* nennen. Lubo sucht sich dazu apfelgroße Steine und kann das eine Ewigkeit lang spielen. Wir haben ihm schon einen Football gekauft, damit das mit den Steinen ein Ende hat, doch er zieht eindeutig Letzteres vor. Aber er ist der ideale Hund, wenn man gern draußen unterwegs ist. Er liebt Wanderungen mit seinem Rudel und er ist ziemlich zäh – aber trotzdem so klein, dass man ihn notfalls auch tragen kann. Und wenn wir ihn von der Leine lassen, wissen wir, dass er nicht weit wegrennt, weil er bei uns sein möchte.

Es ist eine Freude, ihn bei sich zu haben, und ständig bringt er uns zum Lachen. Wenn wir nach Hause kommen, ist er so aufgeregt, dass er uns nicht einfach anspringt, er dreht sich noch im Sprung. Das macht er auch, wenn es Futter gibt. Ja, wir müssen ihm sein Futter als Denksportaufgabe einpacken, weil er durch seine alte

Prägung als Straßenhund sonst alles im Nullkommanix auffrisst. Abends ist er ein ganz Süßer, der einfach geknuddelt werden will, und morgens ist er sehr lebhaft. Wenn uns der Wecker nicht wach kriegt, weckt er uns. Aber nicht weil er vor die Tür muss – er braucht nur jemanden, der mit ihm in der Kissenecke abhängt.

Wir haben einen winzigen Teardrop-Wohnanhänger. Er bietet gerade genug Platz für uns zwei und ist kaum mehr als ein Bett auf Rädern. Mit seinen knapp über zwei Metern Länge ist an einem Ende noch Platz für Lubo. Wenn er sich dort unten schlafen legen soll, werfen wir ein paar Leckerlis ans Fußende, und sobald er danach sucht, versperren wir ihm mit den Füßen den Rückweg, damit er nicht auf das eigentliche Bett klettert. Weil es ja Nacht ist, wehrt er sich kaum. Am nächsten Morgen aber robbt er still und heimlich zurück nach oben. Schaut man einmal hin, ist er schon bei den Knien. Macht man kurz die Augen zu, ist er auf Hüfthöhe. Macht man sie noch einmal zu, ist da auf einmal etwas Kleines zum Kuscheln.

Roger hatte als Kind immer einen Hund und ich nicht, aber inzwischen bin auch ich völlig in Hunde vernarrt. Hunde sind unser Hauptgesprächsthema und auch in Gedanken ist Lubo immer bei uns. Ehrlich gesagt ist er inzwischen ziemlich verwöhnt, mehrmals am Tag führen wir ihn spazieren und er bekommt die ausgefallensten Spielsachen und Leckereien. Und das hat er auch verdient. Wir haben ihm ein Zuhause geschenkt, aber dafür hat er uns auch viel zurückgegeben und wir haben eine Menge von ihm gelernt. Das Wichtigste davon ist Geduld. Er hat es im Leben schwer gehabt und diese Erfahrungen mit zu uns gebracht. Doch obwohl es ein langwieriger Prozess ist, macht er beständig neue Fortschritte. Man kann einem alten Hund also doch neue Tricks beibringen."

NAME: *Mr Digby*
ALTER: *9*
BESITZER: *Allison und Scott*
HERKUNFT: *„Best Friends Fur Ever Rescue Inc.", Sydney, Australien*
HEUTE: *Queensland, Australien*

„Mein Mann und ich sind schon lange Hundefreunde, und als wir unseren Mr Digby kennenlernten, besaßen wir bereits Mia und Roxi. Obwohl wir schon zuvor gerettete oder unerwünschte Hunde aufgenommen hatten, war ich in der Community nicht sonderlich aktiv, meine Schwester jedoch beschäftigte sich nach Roxis Adoption mit der Rettung von Hunden und begeisterte mich für Tierschutzhundegeschichten, wie sie auf Facebook gepostet werden – ob sie nun glücklich oder traurig ausgehen. Mein Mann und ich begannen einigen der entsprechenden Facebook-Gruppen zu folgen, lasen, welche Schwierigkeiten die Leute durchmachten, und beschlossen unsere Hilfe anzubieten, falls sie gefragt wäre.

Im Februar 2014 erfuhren wir, dass die Rettungsorganisation ‚Best Friends Fur Ever Rescue Inc.' ein paar Tiere von der Tötungsliste einer Hundeauffangstation in unserer Nähe übernommen hatte. Sofort versuchten wir herauszufinden, wie wir diesen hinreißenden Wesen helfen konnten. Wir waren noch nicht so weit, dass wir einen Hund in Pflege hätten nehmen wollen, aber man sagte uns, wir könnten sie als Sponsoren unterstützen, also mit einer monatlichen Spende für ihren Unterhalt, solange sie noch nicht von jemandem adoptiert seien. Im März besuchte ich das Tierheim von Gympie, etwa zwei Autostunden von uns entfernt. Ich packte mein Auto voll mit Decken und Hundefutter und verbrachte den Tag damit, Hunde zu baden, auszuführen und zu knuddeln. Kurze Zeit später bekam das Tierheim in Gympie Schwierigkeiten mit der örtlichen Stadtverwaltung, weil es die Lärmschutzbestimmungen nicht einhalten konnte. Als ich ein paar Monate später wieder hinfuhr, waren diese Probleme noch größer geworden und zusätzlich gab es Streit mit dem Vermieter. Es schien absehbar, dass das Tierheim geschlossen werden musste. Da mich das Schicksal der Hunde noch beschäftigte, als ich nach Hause kam, redete ich mit meinem Mann, und gemeinsam beschlossen wir einen von ihnen in Pflege zu nehmen, um auszuprobieren, wie es laufen würde.

Alle zusammen fuhren wir nach Gympie, um unseren neuen Pflegehund kennenzulernen – er hieß Digby. Wir hatten ihn noch nie gesehen, denn er war erst vor Kurzem von der Tötungsliste der Auffangstation von Hawkesbury in Sydney gerettet worden. Dort hatte man ihn als Straßenhund eingefangen. Obwohl er gechipt war, kam sein Besitzer ihn nicht abholen. Laut Mikrochip hieß er ‚Boss' und war sieben Jahre alt.

Es regnete an diesem Tag und es war eine elende Fahrt bis zum Tierheim, aber in unserem Auto herrschte eine unterschwellige Aufregung: Mia und Roxi spürten, dass wir ein besonderes Ziel hatten und dass sie ihren Spaß haben würden. Als wir ankamen, wurde Digby nach draußen gebracht, um unsere Mädchen kennenzulernen. Er wirkte verängstigt – seine Ohren hatte er angelegt und sein Schwanz klemmte zwischen den Hinterbeinen –, aber er zeigte sich unterwürfig und die Mädchen beschlossen, dass er mit uns nach Hause kommen durfte.

Die Fahrt verlief ohne Zwischenfälle und Digby schlief die meiste Zeit eingerollt in einer Ecke des Wagens. Zu Hause angekommen erkundete er das ganze Haus und den Hinterhof, verrichtete sein Geschäft und kam wieder herein. Wir duschten ihn zweimal warm ab, damit er den Zwingergeruch loswurde, dann zog er sich gleich mit unseren Mädchen auf unser Bett zurück und schlief ein. So entspannt und zufrieden, wie er aussah, wirkte es wirklich, als wäre er immer schon bei uns gewesen, als gehörte er hierher. Doch seine Erlebnisse waren nicht spurlos an ihm vorübergegangen. In der Woche nach seiner Ankunft gingen wir mit ihm zum Tierarzt, wo sich herausstellte, dass er aus der Auffangstation eine Harnleiter- und eine Atemwegsinfektion mitgebracht hatte, die sich glücklicherweise beide gut mit Antibiotika behandeln ließen. Außerdem war die Haut an seinem Bauch entzündet, was bis heute immer wieder vorkommt.

Wir lernten Digby sehr schnell kennen und es wurde uns klar, dass irgendjemand diesen Kerl in seinem früheren Leben von ganzem Herzen geliebt haben muss. Er mochte alles, auch unsere Mädchen, sein Futter und seine Menschen und er schlief ohne Weiteres auf unserem Bett. Er war stubenrein und gut erzogen, weshalb ich mich wunderte, wie er ohne jede Zukunftschance in einer Auffangstation gelandet sein konnte, doch dieses Geheimnis sollten wir niemals lüften. Ende Juli 2011 hatte Digby unsere Herzen erobert und wir wussten, dass wir ihn adoptieren mussten, denn ein Leben ohne ihn konnten wir uns nicht mehr vorstellen.

Mit ihm haben wir großes Glück gehabt; nur ein paar Kleinigkeiten sind problematisch. Er kaut sein Futter nicht und verschluckt sich manchmal daran. Außerdem verlangt er ungeteilte Aufmerksamkeit, was bei unseren Mädchen nicht immer gut ankommt – er drängt sie regelrecht zur Seite, um uns am nächsten zu sein. Außerdem ,weint' er oft, wenn wir mit ihm zum Tierarzt oder anderswohin fahren und die Mädchen zu Hause lassen, dann wird er panisch und winselt. Wenn wir mit ihm spazieren gehen wollen, ist es das Gleiche, sogar wenn die Mädchen dabei sind; vermutlich glaubt er dann, dass er wieder ausgesetzt werden soll. Auch zu manchen Gegenständen hat er ein komisches Verhältnis, und wenn wir manchmal etwas an Stellen liegen lassen, wohin es nicht gehört, hebt er daran sein Bein! Und schließlich knurrt er, wenn wir ihn im Schlaf tätscheln, sobald wir aber damit aufhören, winselt er, bis wir weitermachen.

Es ist eine Schande, sich vorstellen zu müssen, dass ein so glücklicher Hund wie Digby sein Leben womöglich im Tierheim hätte fristen sollen – oder noch schlimmer. Dieses Jahr wird er zehn, doch so fit, gesund und agil, wie er bis heute ist, rechnen wir damit, dass er noch lange Teil unserer Familie sein wird. Wenn man ihn umherrennen sieht, hält man ihn für wesentlich jünger. Sein Lieblingsspielzeug sind Bälle – er jagt ihnen nach, doch noch lieber jagt er seine Schwestern mit einem Ball im Maul über den Hof. Erstaunlicherweise bringt er es auch mit einem Maul voller Ball fertig, zu bellen. Außerdem liebt er Wasser, ob aus dem Schlauch, im Pool, unter der Dusche oder – am allerliebsten – am Meer, seinem zweiten Lieblingsort gleich nach unserem Bett.

Wie Digby beweist, verdienen wir alle eine zweite Chance und ich empfehle allen, die erwägen einen Tierschutzhund aufzunehmen, es hier und jetzt in die Hand zu nehmen. Wir können uns unser Leben nicht ohne ihn vorstellen und können den Gedanken nicht ertragen, was mit ihm geschehen wäre, wenn keine Rettungsorganisation die Initiative ergriffen hätte. Dieser Kerl war für unsere Familie bestimmt. Von Anfang an hat er perfekt zu uns gepasst und bei uns wird er immer ein Zuhause haben."

NAME: *Duke*
ALTER: *10*
BESITZERIN: *Ruth*
HERKUNFT: *Duke wurde als Streuner in Irland aufgelesen und in die Hunderettungseinrichtung des örtlichen Tierschutzvereins gebracht.*
HEUTE: *Bedford, Großbritannien*

„Ich bin mit Hunden aufgewachsen und auch als Erwachsene hatte ich immer einen. Da sie bis auf meinen ersten alle Tierschutzhunde waren, möchte ich heute gar keine anderen mehr haben. Kinder habe ich keine, und als ich mit dem (geduldig leidenden) Mann zusammenzog, mit dem ich heute verheiratet bin, war ihm bewusst, dass er täglich damit rechnen musste, beim Nachhausekommen von der Arbeit ein neues Mitglied unseres Rudels vorzufinden. Glücklicherweise wohnen wir in einem großen Haus gleich neben einem wunderschönen viktorianischen Park und unsere Hunde konnten sich schon immer frei im Haus bewegen. Meine Tierschutzhunde habe ich mir nie selbst ausgesucht: Zwei sind auf Vermittlung unserer Tierärztin zu uns gekommen (mit der wir gut befreundet sind und die weiß, dass ich bei Hunden, die ein Zuhause brauchen, immer leicht rumzukriegen bin), einen haben wir über einen anderen Freund bekommen und einen haben mir meine Eltern gebracht. Duke kam über die Tierärztin, die wusste, dass ich gern einen Irischen Wolfshund retten wollte. Sie rief mich an und fragte: ‚Tut es auch ein Doggenmix?' Als er bei uns einzog, war Duke so dünn, dass man jeden Knochen erkennen konnte. Er war brutal geschlagen worden und hatte vor jedem Angst, aber diese Angst drückte sich in Form von Aggression aus. Als ich ihn eine

Woche vor Weihnachten mit nach Hause brachte, war ich überhaupt nicht auf ihn vorbereitet, aber die Hundepension, in der er gehalten wurde, platzte aus allen Nähten und ich musste ihn, gleich nachdem ich ihn zum ersten Mal gesehen hatte, mit nach Hause nehmen, wenn ich nicht riskieren wollte ihn zu verlieren. Zwei Hunde lebten bereits bei mir und beide waren von dem Neuankömmling nicht begeistert. Nach wenigen Stunden kam es zwischen Billy, meinem Collie, und Duke zu einer Balgerei, bei der auch Blut floss. Die ersten Monate mit ihm waren alles andere als einfach. Es dauerte Wochen, bis er endlich zunahm. Er klaute Lebensmittel, wo immer er sie erreichen konnte (und in der Küche kam er fast überall dran!), sogar Essen, das auf dem Herd kochte. Die Spaziergänge waren ein wahrer Albtraum. Er erschrak vor dem Geräusch von Rädern auf Gehwegen: Bei Einkaufswagen, den Karren von Post- und Zeitungsboten und Fahrrädern bekam er Tobsuchtsanfälle, er bellte und zerrte an der Leine, um sie fertigmachen zu können. Zuerst versuchte ich ihn allein auszuführen (mein Fehler), aber schließlich wurde mir klar, dass er ja von meinen anderen Hunden lernen konnte, wenn ich mit ihnen als Rudel eine Runde ging. Das funktionierte. Er lernte nicht nur, gern spazieren zu gehen, die drei verbündeten sich auch miteinander und es gab keine Kämpfe mehr.

Außerdem ging ich mit ihm zur Hundeschule am Ort, damit er lernen konnte, wie er mit anderen Hunden interagieren kann und sich in ihrer Gegenwart entspannt. Die Hundetrainerin schlug vor, ihn für Agilitykurse anzumelden, denn die finde er sicher unterhaltsamer als Obediencekurse. Sie hatte recht. Er liebte das Training. Innerhalb weniger Wochen hatte er sich zum Klassenclown entwickelt. Deutsche Doggen sind wegen ihrer Größe eigentlich nicht so gut für Agility geeignet, aber was ihm an Technik fehlte, machte er durch Begeisterung wieder wett. Sein Slalom durch die Stangenreihe sah eher aus wie ‚Wenden in drei Zügen', und statt durch den Tunnel zu rennen, blieb er meistens mittendrin stecken und raste mit dem Plastikschlauch bekleidet weiter. Im folgenden Sommer veranstaltete die Hundeschule eine nicht ganz ernst gemeinte Hundeshow, in dem Duke zu Ruhm und Ehren kam und sogar als Zweitbester ausgezeichnet wurde.

Als Erbe aus seiner Zeit als Straßenhund hatte Duke schon immer Probleme mit seinen Augen, doch erst als er mit nur drei Jahren vollständig erblindete, merkten wir, wie schlimm es um ihn stand. Im Nachhinein vermuten wir, dass seine Sehbeeinträchtigung einer der Gründe für seine Furcht und seine Aggressivität war. Wir wussten ja, dass er misshandelt worden war, ehe wir ihn aufnahmen, und durch diese Erfahrung, zusammengenommen mit seinem schlechten Sehvermögen, muss ihm die Welt sehr unheimlich vorgekommen sein. Als er blind wurde, war er jedoch bereits durch Routine, Disziplin und unvoreingenommene Zuneigung ein ganz anderer geworden. Er wusste, dass er sich restlos auf uns verlassen konnte, und das tat er auch. Er schlug sich tapfer und wir mussten uns nur mit dem Umstellen von Möbeln zurückhalten.

Er hat einen starken, liebenswerten Charakter. Beim Spazierengehen sprechen mich immer Leute an, machen ein großes Getue um ihn und wollen wissen, welcher Rasse er angehört (als Mix aus Tigerdogge und English Pointer hat er außergewöhnliche Flecken). Leider lassen Duke mit zunehmendem Alter seine Gelenke im Stich, was bei größeren Hunden häufig vorkommt. Letztes Jahr sind wir mit ihm zur Hydrotherapie gegangen, weil wir ausprobieren wollten, ob das helfen würde (beim ersten Besuch hat er ein Häufchen ins Wasser gemacht, aber anschließend fühlte er sich ganz wohl). Nach ein paar schlimmen Stürzen kam er allerdings mit der Therapie nicht mehr zurecht und vergangenes Jahr zu Weihnachten stand es gar nicht gut um ihn. Mit seinen Hinterbeinen konnte Duke sein Gewicht nicht mehr tragen und daher auch weder spazieren gehen noch sein Geschäft selbstständig verrichten. Es schien unausweichlich, dass wir uns zur schwersten aller Entscheidungen durchringen und uns von ihm verabschieden mussten. Das hatte ich schon bei drei anderen Hunden getan, aber das macht es nicht leichter. Es zerreißt einem das Herz. Aber wo er doch keine Runden mehr drehen und selbst im Haus nicht mehr umherlaufen konnte, war seine Lebensqualität doch dahin …

Tief in mir drin aber wusste ich, dass er noch nicht so weit war, das Handtuch zu werfen. Seine Hinterläufe wollten vielleicht nicht mehr, er selbst aber schon, und wenn er bereit war zu kämpfen, war ich es auch. Im Internet fand ich eine Firma, die sich auf Gehhilfen für Hunde mit Behinderungen spezialisiert hatte. Heute hat Duke eine Art Rollator (wer hätte gedacht, dass sein früherer Erzfeind sein bester Freund werden würde?), der seine Hinterbeine stützt und es ihm ermöglicht, sich mit den Vorderläufen fortzubewegen. Er kann wieder Spaziergänge im Park machen und mit seinem Gummiball spielen. Wieder bewältigt er tapfer, was das Leben ihm abverlangt, und auch sein Lächeln ist wieder da.

Duke hat mich viel gelehrt. Unter meinen Tierschutzhunden war er der schwierigste und der einzige, der Anzeichen von Aggression gezeigt hat. Er hat mein Leben aber auch am meisten bereichert. Er ist ein bezaubernder sanfter Riese mit einer grenzenlosen Liebe zum Leben (und zu seinem Futter). Angesichts seiner schrecklichen Erlebnisse in frühen Jahren sind seine bedingungslose Zuneigung und sein Vertrauen ein wahres Wunder und ich freue mich über jeden Tag, den wir zusammen verbringen. Allerdings ist er nicht perfekt. Sein Schnarchen grenzt an Donnergrollen!

Ich werde nie verstehen, warum manche Leute glauben, sie müssten einen Hund kaufen. Die Tierheime sind voll von wunderbaren Hunden, die darauf warten, dauerhaft ein Zuhause zu finden (und dass sie dort sind, ist nicht ihre Schuld). Wenn Sie überlegen, sich einen Hund anzuschaffen, denken Sie bitte, bitte, bitte auch an Tierschutzhunde. Sie haben vielleicht keinen Stammbaum, aber schließlich sind Hunde keine Accessoires. Sondern liebevolle Gefährten und Freunde fürs Leben."

Kapitel 4

Neue Rennen

*„Der einzige Ort, an dem Erfolg vor Mühe steht,
ist das Wörterbuch."*

Hohe Küste, Schweden, Juli 2016

Das neue Jahr brachte auch den nächsten SwimRun – den Wettkampf, bei dem Zweierteams auf felsigen Laufstrecken quer über
die Schären rennen und von Insel zu Insel schwimmen. Als ich an
unserem Küchentisch die Rennstrecke für dieses Jahr plante, war
ich gleichzeitig aufgeregt und angespannt, denn ich machte mir Sorgen, ob alles so glatt gehen würde, wie ich es mir wünschte. (Ich will
immer das Bestmögliche erreichen, wenn nicht mehr.) Vergangenes Jahr war das Rennen ein großer Erfolg gewesen, obwohl es am
Ende noch etwas aufregender war, als ich erwartet hatte, denn ein
gewaltiges überraschendes Sommergewitter hatte alle kalt erwischt,
die ganze Organisation verkompliziert und das Rennen viel gefähr-
licher gemacht.

Aber selbst ohne spontane Gewitter musste ich mich um einiges kümmern. So ist es etwa überraschend schwer, die vielen Schiffe in den Gewässern um die Inseln von den Schwimmern fernzuhalten. Wenn die Teilnehmer von Insel zu Insel schwimmen, sind sie immer durch eine Reihe orangefarbener Bojen gesichert und natürlich wird das Rennen im ganzen Umkreis lange im Voraus angekündigt. Trotzdem sind immer noch genug Leute neu in der Gegend, haben nichts von dem Rennen gehört oder – was nur zu häufig vorkommt – sie stehen betrunken am Ruder.

Um Arthur jedoch musste ich mir keine Gedanken machen. Ernsthafte Sorgen, er könne noch einmal weglaufen und sich verirren, hatte ich mir nicht mehr machen müssen. Außerdem glaubte ich darauf vertrauen zu können, dass er sein neues Zuhause, die Hohe Küste, inzwischen so gut kannte wie den Dschungel von Ecuador, und er war gern draußen.

Fast als hätte sie meine Gedanken gelesen, sagte Helena, die gerade neben mir das Frühstück der Kinder abräumte: „Ich glaube, Arthur muss mal ein bisschen rennen, und ich auch." Noch ehe ich etwas dazu sagen konnte, hörte ich das kratzende Tapsen von Krallenpfoten auf unserer Holztreppe und Arthur kam heruntergepoltert. Er trottete auf Helena zu, schaute zu ihr auf und wedelte kräftig mit dem Schwanz.

Unglaublich.

„Das gibts doch nicht", rief Helena und schaute mit einem Lachen auf ihn hinab. „Er hat mich gehört. Und dann hat er irgendwie durch meine Tonlage kapiert, was ich gesagt habe."

„Bestimmt", sagte ich, „verstehen Hunde tatsächlich durch die Art, wie man etwas sagt, was man meint."

Als Helena hinausging, um Arthurs Leine zu holen und sich andere Schuhe anzuziehen, beobachtete ich Arthur, der wie angeklebt nicht von ihrer Seite wich. Er wollte auf keinen Fall eine Gelegenheit verpassen, rennen zu gehen.

Kurz darauf schaute ich den beiden durchs Fenster zu, wie sie losliefen. Arthur trottete genau in Helenas Tempo neben ihr her, als wollte er ihre Schrittlänge messen. Wie ich wusste, brauchen

Hundetrainer manchmal Monate, bis ein Hund gelernt hat bei Fuß zu laufen, doch Arthur schien das ganz automatisch zu können. Er lief langsam neben Philippas Buggy her oder machte längere Schritte, wenn es quer durch die Stadt ging, zog aber nie an der Leine (oder nur, wenn er einen außergewöhnlich interessanten Duft begutachten wollte), und wenn wir in der freien Natur unterwegs waren, rannte er in unserer Nähe umher. Nein, dachte ich, er wird Helena sicher nicht von der Seite weichen.

Örnsköldsvik, August 2016

Der SwimRun erfüllte alle meine Erwartungen und ich freute mich, dass so viele Leute unsere Strecke lobten und erzählten, mit wie viel Spaß sie sie in Angriff genommen hatten.

Aber auch in meinem neuen Leben konnte ich mich nicht auf meinen Lorbeeren ausruhen – und das wollte ich auch nicht. Schon am nächsten Tag ging es los mit dem nächsten Projekt in einer anderen Sportart – Eishockey. Im Sommer natürlich auf Skates anstelle der Schlittschuhe. Für eine ernsthafte Hockeykarriere war ich vielleicht ein bisschen spät dran – schließlich nahte im September mein vierzigster Geburtstag –, aber wie ein Sprichwort sagt: „Man hört nicht auf zu spielen, weil man älter wird; man wird älter, weil man aufgehört hat zu spielen." Und mit meinem neuen, jungen Team aus Husum machte es mir viel Spaß, auch weil ich mich um Ausrüstung und Sponsoren kümmerte. Mannschaftssport war mein Beruf. Ich fand – und glaube immer noch –, dass sich aus jedem Sport ein Projekt machen lässt. Und das gleiche Potenzial hat offenbar ein gewisser Hund.

Nicht genug, dass der amerikanische Sender ESPN uns vorgeschlagen hatte eine Dokumentation über uns zu drehen, auch der deutsche Verlag hatte ein Filmteam von RTL organisiert, das uns zu Hause und beim Spielen besuchen sollte. Und danach standen Stockholm und Göteborg auf dem Plan, wo wir den schwedischen Verlag, bei dem das Buch über Arthur und mich erschien, bei der Promotion unterstützen wollten. Doch vor dieser arbeitsreichen Zeit nahmen wir uns ein paar Tage frei für unseren ersten Campingurlaub als Familie.

Der Nationalpark Skuleskogen gehört zu den schönsten Ecken Schwedens – dort gibt es Felsen, Schnee, Berge, Seen, Wälder und zu jeder Jahreszeit überwältigende Landschaften. Im Winter kann man Ski laufen und im Sommer wandern, schwimmen und zelten. Vom Gipfel des Slåttdalsberget hat man eine fantastische Aussicht über die Hohe Küste und den Bottnischen Meerbusen. Wenn das jetzt klingt wie der Werbetext eines Reiseveranstalters, dann liegt das daran, dass ich mit dieser Gegend vor der Haustür aufgewachsen bin und sie über alles liebe.

Nach den anstrengenden Monaten, die hinter mir lagen, wollte ich mich an diesem wunderbaren Ort einfach im Kreis meiner Familie entspannen. Und als endlich gefühlt unser ganzer Hausrat im Auto verstaut war, hatte ich die Erholung gleich doppelt nötig.

Als Letzter musste noch Arthur einsteigen. Er beschnupperte jeden Reifen, als wäre noch seine Straßentauglichkeit zu überprüfen, bevor wir losfahren konnten, aber er wirkte sehr aufgeregt, als wäre ihm bewusst, dass wir zu einem Abenteuer aufbrachen. Ich beobachtete ihn, während er sich dem vierten Reifen widmete. Jetzt sollte es eigentlich nicht mehr lange dauern, bis er hinten ins Auto sprang. Bisher hatte er sich immer von mir hineinheben lassen. Nicht dass er nicht selbst springen konnte – wenn ich nicht da war, machte er das immer –, stand ich aber daneben, wartete er seelenruhig ab, bis ich irgendwann nachgab und ihn hineinhob. Eigentlich eine ziemlich gemeine Erpressung …

Diesmal jedoch war ich entschlossen, die Sache auszusitzen. Und wenn wir zu spät losfahren sollten: Ich hatte mich entschieden, ihn diesmal nicht hochzuheben, er musste schon selbst springen.

Die Heckklappe war offen. Alle saßen bereits im Auto: Thor war fast eingeschlafen, Philippa spielte mit ihrem pinken Armreif,

Helena machte es sich auf dem Beifahrersitz gemütlich. „Okay“, dachte ich, „nur die Ruhe, Arthur. Wir fahren in Urlaub und haben alle Zeit der Welt.“ Egal was nun passierte, ich würde ihn *nicht* hochheben.

Ich stand hinter dem Auto und Arthur kam zu mir. Er schaute zu mir hoch. Mir war, als spürte ich da einen eisernen Willen. „Hopp, Arthur“, sagte ich, obwohl ich genau wusste, dass er noch nie einfach, hopp, ins Auto gesprungen war, wenn ich ihn dazu aufgefordert hatte.

Aber dann, ich hatte noch gar nicht zu Ende gesprochen, sprang Arthur mit einem ruhigen Satz hinein und machte es sich in seiner typischen Komforthaltung bequem, bevor ich noch etwas sagen konnte. Er legte zur Abfahrt bereit den Kopf auf die Pfoten, als hätte er es nie anders gemacht.

Ich setzte mich hinters Steuer. Den Kampf hatte ich zwar gewonnen, aber irgendwie kam ich mir ausgetrickst vor …

Schnell fanden wir einen geeigneten Campingplatz. Er lag gleich am Wanderweg entlang der Hohen Küste, an einem Seeufer und nicht weit von dem Berg entfernt, den wir gemeinsam besteigen wollten (wobei manche von uns womöglich getragen werden mussten). Obwohl gleich nebenan weitere Zelte standen, gefiel uns unser Stellplatz, der ausreichend Schatten bot, damit Thor und Philippa vor der Sonne geschützt waren.

Mit Thor auf meinem Rücken brachen wir zum Gipfel auf und auch Philippa in ihren pinken Lieblingsschuhen machte lange Schritte. Arthur blieb die ganze Zeit über bei uns, trottete hinter uns her und verspürte offenbar kein großes Bedürfnis, etwas zu erkunden.

„Ich glaube, es gefällt ihm, dass wir alle zusammen sind, findest du nicht auch?“, fragte Helena. Vermutlich hatte sie recht. Anderen Hunden gegenüber hatte Arthur sich zwar nie wie ein Rudeltier verhalten, aber zweifellos begreift er inzwischen uns als sein Team, oder eben sein Rudel.

Der Aufstieg begann mitten im Fichtenwald und danach wurde der Weg ziemlich felsig und steil. Wir kamen nur langsam voran. Als wir schließlich den Gipfel erreichten, hatten wir sage und schreibe 3,1 Kilometer hinter uns gebracht – etwa ein Hundertstel einer Trekkingstrecke beim Adventure-Racing –, aber ich hatte jede Minute genossen.

Während wir auf dem felsigen Gipfel umherliefen und den vertrauten Ausblick genossen, ging mir durch den Kopf, wie sehr ich mich doch über meine Entscheidung freute, das Adventure-Racing aufzugeben, so schwer sie mir auch gefallen war. Sicher, die Zukunft hielt viele Zweifel und Sorgen bereit, aber wir konnten sie bewältigen, solange wir zusammenhielten. Arthur sprang um uns herum und bellte sich heiser – als hätte er meine Gedanken gelesen, als wollte er mir zustimmen.

Beim Beginn unseres Abstiegs wurde es allmählich kühler. Unten sahen wir den glitzernden See und selbst die Bäume schienen zu leuchten. Es war herrlich.

Auf dem Campingplatz angekommen machten wir uns zur Nacht fertig, sicherten das Zelt und packten unser Abendessen aus. Ich hatte erwartet, dass jetzt alle zur Ruhe kämen und müde würden. Aber ich hatte mich getäuscht. Philippa kroch immer wieder ins Zelt und wieder hinaus und versuchte ihren eigenen Schatten zu sehen, Thor musste jeden Zentimeter Boden in Augenschein nehmen, ob dort nicht etwas zum Spielen oder zu essen lag (für sein Immunsystem war es sicher gut). Beide hielten sie Helena auf Trab.

Währenddessen trottete Arthur umher, schnupperte hier und da an einem Felsen und passte auf, dass Thors Buggy nicht ins Wasser rollte (so sah es jedenfalls aus). Zu Hause war offenbar für ihn überall da, wo wir waren, und damit war unser neues Heim eben das Zelt und Arthur wollte sich versichern, dass wir uns dort wohlfühlten.

Schließlich wurde es dunkel, wir wurden müde und kletterten ins Zelt. Wir hörten es sanft plätschern, wenn ein Reiher oder Kranich ins Wasser stieß, und das Gemurmel der Familien um uns herum, die sich ebenfalls zur Nacht fertig machten.

Eigentlich kann ich überall gut einschlafen. Schließlich ist Schlaf für jeden Adventure-Racer ein wertvolles Gut und man kann es sich nicht leisten, noch die kleinste Gelegenheit dazu zu verpassen. Diese Nacht jedoch fiel mir das Einschlafen schwer. Nicht weil es besonders unbequem gewesen wäre, sondern weil wir einen Wachhund hatten, der in erhöhter Alarmbereitschaft nach möglichen Plünderern Ausschau hielt. Womöglich waren ja Bären oder Luchse in der Nähe! Das bedeutete allerdings, dass Arthur immer, wenn jemand pinkeln ging oder aus einem anderen Grund das Zelt verließ – und sei es am anderen Seeufer –, zu bellen anfing, als wollte er sagen: „Komm meiner Familie bloß nicht zu nahe, ich hab dich im Auge!"

Ich fand es ja ganz reizend, dass er auf uns aufpasste, doch ich bin mir nicht sicher, ob es den anderen Campern genauso ging.

Als wir nach Hause zurückkehrten, standen auch schon bald die Dreharbeiten an. Doch ehe es so weit war, hatte ich mir noch etwas anderes vorgenommen. Den Namen meiner Prinzessin Helena trug ich bereits als Tattoo auf dem Arm, aber da wir jetzt eine fünfköpfige Familie waren, sollten auch Philippa, Thor und Arthur dazukommen.

Ich weiß, manche Leute mögen keine Tattoos, aber ich empfinde es als ein wunderbar endgültiges Zeichen der Verbundenheit, die Namen der Menschen, die ich liebe, wort-wörtlich zu einem Teil von mir selbst werden zu lassen. Es würde viel Zeit in Anspruch nehmen – achtzehn Buchstaben sind keine Kleinigkeit –, aber ein bisschen Schmerz gehörte schon irgendwie dazu, meine Verbundenheit auszudrücken. Bei meiner kleinen Prinzessin entschied ich mich für eine Schriftart mit Blüten, ich wählte große, kräftige Lettern für meinen Sohn und majestätisch-elegante Großbuchstaben für Arthur. Von dem Ergebnis bin ich begeistert und freue mich, dass sie jetzt bis an mein Lebensende bei mir sind.

Dann waren die Filmteams an der Reihe, die Arthur mit seiner neuen Familie in Augenschein nehmen sollten. Als Erstes schickte RTL ein Team, das Arthur im Haus und im Freien filmen sollte. Der Film war als erster großer Schritt zur Promotion für die deutsche Ausgabe meines Buchs geplant. Inzwischen hatte ich mich an Interviews vor laufender Kamera schon ziemlich gewöhnt – so wie eigentlich die ganze Familie – und auch für Arthur, der in einem früheren Leben sicher ein Hollywoodstar gewesen ist, war es offenbar zu einer ganz normalen Sache geworden.

Doch die Filmaufnahmen auf dem Wanderweg entlang der Hohen Küste müssen ihm manchmal langweilig vorgekommen sein. Wer will schon die ganze Zeit herumstehen und reden, wo man doch den Berg hinabrennen und unten im See schwimmen gehen könnte. Ein Foto, das ich dabei gemacht habe, verdient auf jeden Fall die Bildunterschrift „Porträt eines gelangweilten Hundes".

Der deutsche Film sollte erst nach dem Erscheinen der deutschen Ausgabe des Buchs gezeigt werden – also Anfang Oktober, kurz nach dem Veröffentlichungstermin in Schweden – und die Filmemacher, die wir als Nächstes empfingen, wollten ihre Arbeit sogar erst im Frühjahr des kommenden Jahres präsentieren. Im August traf die Produzentin Kristen Lappas von ESPN mit dem

Team von Seventh TV und dem Journalisten Tom Rinaldi ein. Eine große Produktion war geplant, die Aufnahmen gingen über eine ganze Woche, und als alle eingetroffen waren, war das ganze Haus voller Leute – und teurer Filmausrüstung.

Am Anfang machte ich mir noch Sorgen, dass Arthurs Geduld nun doch auf die Probe gestellt würde, denn die Filmleute drehten eine echte Dokumentation und dabei ging es nicht nur um Arthurs Geschichte, sondern auch um den Sport Adventure-Racing. Das jedoch war gar nicht so schlecht für Arthur, denn sie brauchten eine Menge Material von ihm: beim gemeinsamen Spazieren und Laufen mit mir, mit der Familie im Haus und im Freien und beim wilden Umherrennen ganz allgemein. Kurz: von einem fröhlichen Arthur bei seinen Lieblingsbeschäftigungen.

Ich hingegen sollte bald nicht mehr so fröhlich gestimmt sein.

Tom Rinaldi, der Interviewer, gehört zu den Besten seines Fachs. Er ist als Golf- und Tennisberichterstatter mit Preisen ausgezeichnet worden und hat ein Buch über einen Helden des 11. September 2001 geschrieben. Auch als wir auf das Adventure-Racing zu sprechen kamen, war schnell klar, dass er sich gut auskannte.

Gleich am Anfang unserer Gespräche war ich beeindruckt von ihm – obwohl er wie die meisten Amerikaner und Briten bei der Aussprache von Örnsköldsvik auf keinen grünen Zweig kam –, und je länger wir während der Dreharbeiten miteinander redeten, desto eindrucksvoller fand ich ihn.

Schließlich kam der Tag unseres „großen" Interviews. Wir hatten Einstellungen von Arthur mit der Familie gedreht und ich hatte schon viele sagenhafte Aufnahmen zu sehen bekommen. Irgendwo hatte das Team sogar Videomaterial von Arthur in der Wechselzone in Ecuador aufgetrieben, das noch vor unserer Begegnung entstanden war.

Das zu sehen war eine eigenartige Erfahrung. Dieser Hund dort wirkte unglaublich jung – so jung, dass ich wieder zu zweifeln begann, ob er damals wirklich schon drei oder vier war –, sah aber übel zugerichtet aus, wie er da zwischen den Sportlern umherlief und einen nach dem anderen betrachtete. Fast als würde er nach einer bestimmten Person suchen, kam es mir in den Sinn, nicht nur nach etwas zu essen.

Es waren nur ein paar Sekunden Videomaterial, aber ich sah es mir wieder und wieder an. Arthur sah so schlimm misshandelt aus, wirkte aber gleichzeitig so stolz. Als ich sah, mit welcher Würde er um Futter bettelte, konnte ich ein Stechen in den Augen nicht unterdrücken und dann dachte ich daran, wie gesund und glücklich er inzwischen war.

Ich hatte mir dieses Material gerade angeschaut, als Tom und das Filmteam das Set für mein Interview einrichteten. Sie prüften Licht, Kameras und das ganze übrige Equipment, dann setzte ich mich an den Wohnzimmertisch und machte mich bereit.

Am Anfang lief alles rund und ich erzählte davon, wie mein Jugendtraum, Eishockeyprofi zu werden, geplatzt und wie ich zum Adventure-Racing gekommen war. Ich redete darüber, wie hart es war, ausdauernd und zäh zu werden, wie ich bei einem Rennen einmal ein Stück meiner Ferse verloren und bei einem anderen plötzlich einen Salto rückwärts von einer Klippe gemacht hatte.

Dann erzählte ich von unseren Vorbereitungen für Ecuador und schon bald danach waren wir bei der Wechselzone angelangt und bei dem Augenblick, in dem ich Arthur bemerkte.

An diesem Punkt spürte ich wieder dieses Stechen in den Augen. Natürlich hatte ich denselben Moment schon oft wieder durchlebt, nicht zuletzt bei der Arbeit an dem Buch und als ich verschiedenen

Leuten die ganze Geschichte erzählt hatte, doch aus irgendeinem Grund – vielleicht durch diese Videoaufnahmen mit Arthur – fiel es mir jetzt unsagbar schwer, mich zusammenzureißen.

Immer wieder musste ich daran denken, was passiert wäre, wenn Arthur und ich uns nicht begegnet wären. Ich wusste, dass er jetzt, achtzehn Monate später, unmöglich noch am Leben sein könnte. Nicht als halb verhungerter Hund mit diesen schrecklichen eiternden Verletzungen. Und je länger wir redeten, desto mehr überwältigten mich meine Gefühle.

Zwischen Toms Fragen und meinen Antworten entstanden nun lange Pausen. Nicht dass ich nicht gewusst hätte, was ich sagen sollte, doch es fiel mir schwer, es auszusprechen. Nach einer langen Pause sagte Tom endlich: „Es steht dir im Gesicht geschrieben, was dir das alles bedeutet."

Da war es, als hätte jemand die Schleusen geöffnet. Die Tränen liefen mir nur so die Wangen herunter. Ich hielt mir die Hand vor den Mund, um nicht laut loszuheulen. Schließlich brachte ich es heraus: „Es ist das Beste, was mir je passiert ist." Und dann ließ ich den Tränen einfach ihren Lauf.

Irgendwie schaffte ich es danach, Toms weitere Fragen zu beantworten. Ich weiß nicht wie. Aber weil ich oft lange kein Wort her ausbekam, dauerte das ganze Interview über eine Stunde länger als geplant. Wie gesagt: Tom ist ein hervorragender Interviewer.

So schade ich es fand, dass wir uns von dem ESPN-Team verabschieden mussten, so erleichtert war ich über das Ende einer bewegten Woche. Doch als dann die fertigen Bücher der schwedischen Ausgabe eintrafen, konzentrierte ich mich ganz auf die bevorstehende Promotion-Tour. In der zweiten Septemberwoche stand Stockholm mit vielen Fernseh- und Radioterminen auf dem Plan und dann ging es weiter zur weltweit angesehenen Göteborger Buchmesse, wo die Leute vom Verlag ein paar mit Terminen vollgestopfte Tage organisiert hatten. Sie wussten noch nicht, dass auch mein vierzigster Geburtstag in diese Woche fiel, und so sollte es auch bleiben.

Mit Helena konnte ich auch später feiern. Sie wollte mit den Kindern erst übers Wochenende nach Stockholm nachkommen. Nicht nur weil eine längere Reise für die beiden zu viel Unruhe bedeutet hätte, sondern auch weil sie noch einen anderen zeitraubenden Job hatte: die ganze Organisation. Könnte man es nicht mit eigenen Augen sehen, man würde nicht glauben, wie viel Papierkram durch SwimRun, Eishockey und den ganzen Rest zusammenkam. Jeden Morgen schien ein neuer Stapel Unterlagen und Rechnungen dazuzukommen. Ich war froh, dass Helena so gut im Erledigen solcher Sachen war.

„Also, Arthur, nur du und ich, diesmal", sagte ich, als ich sein Fell gründlich durchbürstete, um ihn Buchpräsentations-chic zu machen. Wie immer wenn wir zwei uns unterhielten, sah er auf seine typische weise Art zu mir auf. Sicher begriff er, dass eine gemeinsame Reise irgendwohin bevorstand. Und geduldig wie er ist, ertrug er, wie ich an seinem Fell herumhantierte. Ich hantierte ein bisschen mehr als üblich und bürstete ihn besonders gründlich.

Als ich mich ausgiebig mit seinen goldfarbenen Ohren beschäftigte, meinte ich einen Zeckenbiss fühlen zu können, und etwas Ähnliches hatte ich an seinem linken Bein festgestellt. Ich fand keine Stelle, die man hätte behandeln müssen, bat aber Helena, sich die Sache auch einmal anzusehen.

„Hmm, fühlt sich für mich genau an wie ein Zeckenbiss", sagte sie. „Aber wenn du dir Sorgen machst, können wir es auch mal untersuchen lassen."

Obwohl sich die Stellen tatsächlich wie Zeckenbisse anfühlten, ließ mich der Gedanke nicht los, dass sie auch etwas anderes sein könnten. Arthur wirkte putzmunter und wahrscheinlich konnte ich als relativ junger Hundebesitzer noch nicht unterscheiden, was bei meinem Freund ganz normal war und was nicht.

Also fuhr ich am nächsten Morgen mit Arthur zur Tierärztin. Undefinierte Knötchen an allen möglichen Stellen sind offenbar bei Hunden nichts Außergewöhnliches, besonders wenn sie keine Welpen mehr sind (und obwohl Arthur in dem Filmmaterial aus Ecuador auf mich so jung gewirkt hatte, wusste ich doch, dass er bereits erwachsen war).

„Schwer zu sagen", sagte die Ärztin, „was das für Knötchen sind. Ich glaube nicht, dass es etwas Ernstes ist, aber wahrscheinlich ist es das Beste, sie irgendwann zu entfernen und zu untersuchen. Das eilt nicht. Machen Sie sich keine Sorgen. Wir können ja einen Termin nach Ihrer Rückkehr machen – in ein, zwei Wochen."

Wir vereinbarten einen Termin. Der Gedanke, dass Arthur operiert werden müsste, gefiel mir nicht. Ich konnte nicht vergessen, wie hilflos und übel zugerichtet er nach all den Operationen in Ecuador ausgesehen hatte, und wenn es sich verhindern ließ, wollte ich ihm ersparen so etwas noch einmal durchzumachen. Allerdings tröstete es mich, dass er inzwischen ja so viel besser bei Kräften war und es sicher keine solche Qual mehr für ihn wäre.

Um mich von meiner Angst um Arthur und der unklaren Bedeutung dieser Knötchen abzulenken, konzentrierte ich mich aufs Packen. Schicke Klamotten für mich, Lieblingsleckerli für Arthur. Ich freute mich auf eine Reise mit meinem Freund und auch die Treffen mit Arthurs größten Fans sind immer toll.

Stockholm, Göteborg, wir kommen, dachte ich.

„Als Kind wollte ich immer einen Hund haben, aber meine Eltern waren dagegen. Ich hatte einen Plüschhund, als ich noch ganz klein war, und weiß noch, wie todtraurig ich wurde, als ich mir klarmachte, dass für mich in Sachen eigener Hund mehr als das nicht drin war. Als Erwachsene jedoch hatte ich mit dem Gedanken wohl schon abgeschlossen – zumindest bis ich Golan begegnete.

Ich habe immer schon viel für Umweltschutz übriggehabt, bin mit vierundzwanzig Vegetarierin geworden, und als ich 2007 nach Peking gezogen bin, habe ich mich der Community der Veganer und Vegetarier angeschlossen, weil man es als Vegetarierin in China oft nicht leicht hat. Damals traf ich auch Chris Barden, einen Yale-Absolventen, der in Peking den Vegan Social Club und eine Wohltätigkeitsorganisation namens The Little Adoption Shop ins Leben gerufen hatte. Chris rettete Katzen und Hunde vor den Lastwagen der Fleischer und von den Straßen, und immer wenn er oder einer aus seinem Netzwerk wieder einen Welpen aufgelesen hatte, gab er die Kontaktdaten an alle im Veganerclub und an Gott und die Welt weiter, um ihm ein neues Zuhause zu vermitteln. China hat ein großes Problem mit Streunern und außerdem eine der höchsten Tollwutraten der

Welt, weshalb ein herrenloser Hund, wenn er von der für Hygiene zuständigen Stadtbehörde entdeckt wird, gefangen und für einige Zeit in eine Auffangstation gebracht wird (Zukunft ungewiss). Im schlimmsten Fall endet er neben Hunderten anderen auf einem überfüllten Laster mit dem Ziel Markt, wo er lebendig von einem Hundemetzger verkauft wird, ehe er vor anderen verängstigten Hunden die Haut abgezogen bekommt, damit der Kunde sieht, dass das Fleisch auch frisch ist. Es ist also viel Hilfe für die Rettung von Hunden gefragt.

Eines Tages im Juli 2010 schickte mir jemand ein kurzes selbst gedrehtes Video von einem aus der Froschperspektive aufgenommenen winzigen, dürren Welpen, der in irgendeinem Wohnzimmer umherlief. Man konnte nur den Boden, seine Beine und sein Gesicht sehen. Er war furchtbar süß und irgendwo in meinem Kopf machte es klick. Es war der richtige Zeitpunkt: Mein Freund und ich waren finanziell abgesichert, ich hatte genug Zeit, mir alles über Welpen und ihre Pflege anzueignen, und der Vermieter unserer Wohnung hatte nichts gegen Haustiere. Unser Haus war Teil einer abgeschlossenen Wohngegend mit einem Park in der Mitte, wo immer auch Hunde aller Größen spielten. Ich zeigte meinem Freund das Video und noch in der gleichen Woche gingen wir uns den Hund anschauen. Mei Banfa (sein chinesischer Name bedeutet ‚keine andere Wahl') war halb verhungert und nass vom kalten Frühlingsregen in einem *Hutong*, einem der alten Pekinger Wohnviertel, aufgefunden worden. Er bekam gerade erst Zähne und er wog knapp zwei Kilo. Noch vor Ort tauften wir ihn Golan.

Dass wir ihn haben wollten, wussten wir genau, aber da wir im nächsten Monat nach Südafrika reisen wollten, baten wir die Pflegefamilie, bis zu unserer Rückkehr auf ihn aufzupassen, was den Leuten recht war. Als wir zurück waren, schrieb ich der Pflegemutter, um eine Zeit zum Abholen zu vereinbaren, aber sie antwortete nicht. Überhaupt nicht. Schließlich fand ich heraus, dass die Familie ihn jetzt doch behalten wollte. Ich habe keine passenden Worte für das Gefühl, das sich einstellte, aber es war eine sehr leidvolle Erfahrung. Wie kann man so traurig darüber sein, jemanden zu verlieren, den man nie um sich hatte?

Zwei Wochen später allerdings riefen die Leute wieder an und erzählten, dass sie aufgrund ihrer Arbeitsbelastung keine Zeit mehr für Golan hätten und sich schrecklich dabei fühlten, ihn fünfzehn Stunden am Tag allein zu Hause zu lassen. ‚Möchten Sie ihn noch haben?', fragte mich der Anrufer. Die Antwort war ein kräftiges Ja.

Als die Leute aus der Pflegefamilie ihn bei uns abgaben, brachten sie Trockenfutter und eine Leine mit. Wir wohnten im sechzehnten Stock, doch Golan hatte den Aufzug nicht betreten wollen. Aus irgendeinem Grund fürchtete er sich davor, stemmte alle vier Beine in den Boden und zog an der Leine, um nicht hineinzumüssen. Ich hoffte eindringlich, dass diese Angst sich legen würde, denn immerhin bedeutete das eine Menge Stufen! Die Pflegefamilie informierte uns über ein paar seiner Macken, etwa dass er die Toilette für einen Wassernapf hielt, Eier klaute und Äpfel mochte – aber nur die roten und nur geschält. Als die Leute wieder gingen, folgte ihnen Golan zur Tür. Er schnupperte herum, kratzte daran, versuchte unter ihr durchzuschauen und tappte umher, um einen Weg nach draußen zu finden. Zwei Stunden lang winselte er und ich konnte ihn durch nichts ablenken. Abends um sieben winselte er zwar nicht mehr, war aber traurig und wartete neben der Tür. Er hatte den ganzen Tag noch nichts gefressen, noch nicht einmal geschälte rote Äpfel. Ich wollte ihn nicht allein lassen, aber weil ich inzwischen Hunger hatte, rief ich bei meinem Lieblingsrestaurant an: bei ‚Annie's', einer Italienerkette, die es in ganz Festlandchina gibt und bei der man alle typischen Seelentröstergerichte bestellen kann. Dort wusste man schon, was ich wollte: Auberginen mit Ricotta und Salat. Ich schaute in Golans trauriges Gesicht und überlegte, dass etwas vom Italiener vielleicht Abhilfe schaffen könnte. Ich bestellte ihm ein Hähnchenschnitzel mit Ei und Gemüse an Spaghetti, bitte nur leicht gewürzt. Sein Gericht kostete doppelt so viel wie meins. Er fraß alles auf. Und dann endlich schlief er. Ich hob ihn hoch und legte ihn neben mich.

Nachdem er sich eingewöhnt hatte, war er genau wie andere Hunde auch. Voller Energie, immer für ein Spiel zu haben und nie müde. Dreimal am Tag gingen wir mit ihm nach draußen: zur Morgenrunde, zwei Stunden spielen nachmittags um vier und zum Abendspaziergang. In Golan sind eine Menge Hunderassen vereint, auf jeden Fall aber steckt ein bisschen Terrier in ihm, was Sachenholen zu seinem Lieblingsspiel macht. Immer wenn ich nach Hause kam, brachte er mir ein Spielzeug und wackelte vor lauter Schwanzwedeln mit den Hüften (Shakira-Style, wie mein Vater immer sagt).

Er hat eine ganz eigene Persönlichkeit und einige Marotten, die ihn zu dem machen, der er ist. Zum Beispiel hat er Regen noch nie gemocht und bleibt am liebsten drinnen, bis es wieder aufhört, selbst wenn deshalb das Gassigehen ausfällt. Er hat sogar schon einmal achtundzwanzig Stunden sein Pipi eingehalten, weil es regnete und er nicht nach draußen zu bewegen war. Außerdem mag er es nicht, wenn Männer rauchen – sobald er den Geruch wahrnimmt, fängt er an zu bellen. Doch aus irgendeinem Grund machen ihm rauchende Frauen überhaupt nichts aus! Golan ist sehr aufmerksam. Er versteht, ob man gerade Ruhe braucht oder sich ärgert. Außerdem erinnert er sich an jeden, dem er schon einmal begegnet ist, und begrüßt ihn begeistert, indem er mit dem Schwanz wedelt und dabei heftig mit dem Hintern wackelt (auch seine Hüften lügen nicht …). Seine Mahlzeiten hält er strikt ein, und weil er niemals mehr frisst, als er braucht, hat er als erwachsener Hund nicht mehr zugenommen, selbst dann nicht, als ich ihn ein bisschen aufpeppeln wollte! Golan liebt Geschwindigkeit, und mit meinen anderen

Hunden am Strand herumzurennen ist im Sommer wahrscheinlich eine seiner liebsten Freizeitbeschäftigungen.

Die meiste Zeit ist er ein guter Hund, doch er ist auch schon in
Schwierigkeiten geraten. Unvergesslich ist mir unter anderem
ein Ereignis aus der Zeit, als wir in einem Wohnkomplex in Peking mit viel Grün, künstlichen Seen und Bambuswald lebten.
Damals hatten wir bereits unseren zweiten Hund namens Lola
adoptiert und zwei weitere Tierschutzwelpen zu uns genommen, Blackie und Brownie. Natürlich liebten alle vier die Grünflä-
chen und ich sorgte dafür, dass sie sich jeden Tag dort austoben
konnten. Wie in allen Gebäuden des Komplexes gab es auch
bei uns einen Aufzug, aus dem man mithilfe einer Magnetkarte
unmittelbar in unseren eigenen Wohnungsflur gelangte. Eines
Tages rief mich mein Freund bei der Arbeit an und sagte, er
könne die Hunde – alle vier – nirgends finden. Sie seien bei ihm
in der Wohnung gewesen, nun aber auf einmal nicht mehr da.
Er habe auch bei den Notausgängen gesucht, aber ohne Erfolg.
Dann aber habe er sie gehört, doch er sei nicht sicher gewesen, von wo das Bellen kam. Ein verzweifeltes Bellen, wie man
hinzufügen muss. Wir wandten uns an die Hausverwaltung, weil
wir auf jeder Etage, in jedem privaten Wohnungsflur nach ihnen
suchen mussten und unsere Magnetkarte natürlich nur unsere
eigene Wohnung aufschloss. Wie sich schließlich herausstellte,
hatte es eine Störung im Aufzugsystem geben, die Türen hatten
sich geöffnet und alle vier waren in den Aufzug spaziert – auf ins
Grüne, wahrscheinlich. Im Flur von Wohnung zwei auf der sechs-
ten Etage wurden Golan, Lola, Blackie und Brownie schließlich
wohlbehalten gefunden. Mit Unschuldsmienen sprangen sie zurück in den Aufzug und fuhren zufrieden nach Hause.

Ohne Übertreibung darf ich sagen, dass Golan mein Leben verändert hat. Es kommt mir fast so vor, als hätte ich mich durch ihn
emotional mehr geöffnet, als wäre ich durch ihn geselliger und
zugänglicher geworden – und er ist auch der Grund dafür, dass

ich weitere Hunde aufgenommen habe. Golan hat außerdem für meine Erwartungen gegenüber guten Freunden die Latte höher gehängt, sodass ich heute genauer hinschaue, wem ich vertraue. Das Vorbehaltlose an der Zuneigung eines Hundes übersteigt alle Vorstellungen und bewirkt zweierlei: Man gibt mehr, aber man erwartet auch mehr. Ich bin heute außerdem ein viel verantwortungsbewussterer Mensch. Mein Leben hat Struktur. Ich habe einen festen Zeitplan, der meinen Tag gliedert und den ich ohne meine Hunde nicht einhalten würde: Montags bis sonntags morgens um sechs aufstehen, spazieren gehen (gutes Cardiotraining), Hunde füttern. Abends um sieben zu Hause sein, damit ich mit ihnen rausgehen und sie erneut füttern kann, am Wochenende lange Spaziergänge (zwei Stunden), Ausflüge in den Park, ein Notfallbudget bereithalten, Dinge planen, aber gleichzeitig mit vier Hunden spontan sein können, abschalten können! Wenn man mit den Hunden im Park ist, kann man nicht die ganze Zeit am Telefon hängen. Auf unseren Runden nehme ich nie elektronische Geräte mit, denn dann habe ich offenere Augen für die Hunde – und auch für die Menschen um mich herum, die ich sonst nie beachtet hätte.

Zu wissen, dass jemand von einem abhängig ist, kann außerordentlich viel bewirken. Vor Kurzem habe ich eine emotional niederschmetternde Erfahrung gemacht, und wenn die Hunde nicht so sehr an ihre Zeiten gewöhnt wären – sie können sich nun einmal nicht selbst rauslassen oder ihre Näpfe füllen –, wäre es mir noch viel schwerer gefallen, aus diesem Tal wieder herauszukommen. Ich musste einfach jeden Morgen aufstehen und die tägliche Routine erledigen, was mich ablenkte, auf den Boden zurückholte, am Ball bleiben ließ und mich in der Denkweise ‚es gibt noch etwas anderes in deinem Leben' bekräftigte, die mir enorm weiterhalf.

Wenn Sie also einen Hund haben möchten, empfehle ich ausdrücklich einen Tierschutzhund – aber machen Sie sich Ihre Verantwortung bewusst. Sie tragen Sorge für ein Lebewesen in Ihrer Obhut, ein Lebewesen, das Nahrung und Fürsorge braucht wie andere auch. Von Ihnen hängt es ab, was aus ihm wird, und dafür braucht es Engagement und tatkräftigen Einsatz. Von Ihnen ist es abhängig und vertraut Ihnen wortwörtlich sein Leben an, doch im Gegenzug macht es auch Ihr Leben um einiges schöner.

NAME: *Teddy*
ALTER: *8–10*
BESITZERIN: *Joy*
HERKUNFT: *Tierheim in Breasta,*
Rumänien
HEUTE: *Chester, Großbritannien*

„Hunde habe ich schon immer gehabt, aber Teddy ist für mich ganz besonders, weil er in einer schwierigen Zeit zu mir kam. Als unser damaliger Hund 2013 starb, entschlossen sich mein Mann Phil und ich im Herbst, einen neuen Hund zu adoptieren. Doch noch ehe wir dazu kamen, erhielt Phil die Diagnose, dass er unheilbar an Krebs erkrankt war und im Februar des folgenden Jahres starb er. Noch immer wollte – nein, brauchte – ich einen Hund und besuchte alle Tierheime in der Gegend. Doch einen Hund, für den ich sofort eine Zuneigung spürte, fand ich nicht. Daher begann ich mich auf einigen Internetseiten umzusehen, registrierte mich auf ‚K-9 Angels' und trug dort meine Wunscheigenschaften ein: klein bis mittelgroß und ausgewachsen. Ich erhielt ein paar Vorschläge, und als ich das Bild von Teddy sah – damals hieß er noch Merlin –, war es passiert! Ich musste ihn einfach haben.

Teddy hatte als Straßenhund in Rumänen gelebt, bis ein nettes Mädchen aus Birmingham namens Sarah ihn mit nach England brachte und in Pflege nahm, bis ein neues, dauerhaftes Zuhause für ihn gefunden war. Mit Sultan und Zeus hatte Sarah noch zwei weitere Hunde mitgebracht, die mit Teddy in dem gleichen Zwinger des Tierheims untergebracht gewesen waren. Da ich etwa hundert Meilen von Birmingham entfernt lebe, bat ich meine Freundin Sharon, beim Abholen mitzukommen, denn ich machte mir Sorgen, dass er vielleicht Probleme mit dem Autofahren haben könnte. Dass er ja aus Rumänien per Auto und Fähre hierhergereist war, hatte ich völlig vergessen. Als wir ihn abholten, war auch sein Tierheimfreund Sultan da und Sharon verguckte sich gleich in ihn – zwei Wochen später fuhren wir auch ihn holen! Das war fantastisch, denn als wir zu Hause ankamen, freuten sich Sultan und Teddy riesig einander wiederzusehen und sie sind bis heute die besten Freunde.

Da Teddy sehr aufgeregt war, als wir mit ihm nach Hause fuhren, setzte sich Sharon zu ihm auf den Rücksitz, um ihn zu beruhigen. Als das geklappt hatte, sagte sie, er erinnere sie an einen Teddybären – da beschloss ich ihn anstelle von Merlin Teddy zu nennen. Sobald wir zu Hause waren, fütterte ich ihn aus der Hand, um sein Vertrauen in mich zu stärken, und ging mit ihm spazieren. Er interessierte sich sehr für seine neue Umgebung, wurde aber nervös, wenn Menschen oder andere Hunde näher kamen. Über sein Leben in Rumänien wusste ich nichts, doch im Umgang mit mir war er ruhig und zurückhaltend. Andere Leute oder Hunde mochte er nicht. Vielleicht wusste er nicht, was er erwarten durfte oder ob er darauf vertrauen konnte, dass ich gut auf ihn aufpassen würde. Er war ungern draußen, wenn es unterwegs zu regnen anfing, und versteckte sich dann so lange unter Büschen, bis es mir gelang, ihn hinauszulocken und nach Hause zu bringen. Manchmal findet im Marschland in unserer Nähe eine Jagd statt und außerdem gibt es dort ein militärisches Übungsgelände. Auch wenn dort geschossen wird, versteckt er sich im Gebüsch.

Aber von seiner Nervosität einmal abgesehen habe ich mit Teddy großes Glück gehabt. Offenbar ist er ein schlauer Junge und versteht die Körpersprache von Menschen und Hunden. Anfangs war er gegenüber beiden sehr vorsichtig, doch ich blieb ganz in seiner Nähe, redete mit ihm und lenkte ihn manchmal mit Leckerlis ab, sodass er lernte, neue Hunde- und Menschenbekanntschaften mit etwas Positivem zu verbinden. Ich glaube, dass das Bewältigen seiner Angst sein wahres Wesen ans Tageslicht gebracht hat, das liebenswürdig, einfühlsam und ein bisschen spitzbübisch ist. Er versucht noch immer, einen Weg aus dem Garten zu finden, obwohl er dreimal am Tag ausgeführt wird, und er ist immer auf Abenteuersuche. Wenn ihm also der Sinn nach Abenteuern steht, gehe ich ihm einfach nach, bis er von selbst umkehren will, dann lege ich ihm die Leine an und wir gehen nach Hause. Anschließend lobe ich ihn überschwänglich, aber eine Futterbelohnung bekommt er nicht, denn ich will ihn in seiner Wanderlust nicht noch bestätigen.

Teddy ist ein ganz geduldiger und behutsamer Hund (es sei denn, man ist eine Katze oder ein Eichhörnchen). Und er bringt mich immer zum Lachen. Ich erinnere mich, wie wir letzten Sommer einem Staffordshire Terrier mit seiner Besitzerin begegnet sind, die ihr Kleinkind im Buggy dabeihatte. Teddy war von den nackten Füßen des Kleinen fasziniert und schnupperte daran. Der Staffy trat zwischen Teddy und den Buggy und schob Teddy sanft zur Seite. Der ging ein paar Schritte zurück, bis der andere Hund wieder hinter dem Kinderwagen stand. Dann schnupperte er wieder an den Kinderfüßen. Erneut ging der Staffy dazwischen und drängte Teddy vorsichtig zur Seite. Darauf trat Teddy ein paar Schritte zurück und versuchte nun nicht mehr, an den Füßen zu schnuppern. Er verstand, dass der Staffy ihn bat das Kind in Ruhe zu lassen. Die Hundebesitzerin und ich waren völlig fasziniert davon, wie die Situation sich klärte.

Ein anderes Mal waren wir auf einer großen Wiese, wo auch fünf oder sechs kleine Hunde spielten, darunter drei Welpen. Weil es sich um etwa sechs Monate alte Zwergdackel handelte, kann man sich wahrscheinlich vorstellen, wie winzig sie waren. Ein weiterer Hund kam zu uns: ein kräftiger einjähriger

Leonbergerwelpe. Da Teddy das nicht gefiel, stellte er sich zwischen den Leonberger und die kleineren Hunde, um ihn fernzuhalten. Er mag auch keine Spielsachen, die quietschen – ich glaube sogar, dass er sie für lebendig hält! Er behandelt sie wie empfindliche Lebewesen und ist sehr vorsichtig, wenn man ihm eins gibt. Wenn Teddy bei einem anderen Hund mit quietschendem Spielzeug ist, nimmt er es ihm vorsichtig aus dem Maul und bringt es in Sicherheit.

Einen Hund zu haben ist für mich wie eine Partnerschaft, besonders bei Hunden, die nie zuvor ein Zuhause hatten. Da Teddy sich auf der Straße wacker geschlagen hat, weiß ich, dass er nicht bei mir leben muss. Ich glaube aber, dass er bei mir glücklich ist, denn er kommt in der Regel, wenn ich ihn rufe. Er ist ein echter Freund und ich bin froh, dass er bei mir ist.

Sollten Sie erwägen einen Tierschutzhund zu sich zu nehmen, würde ich Ihnen raten, sich eine Liste der möglichen Probleme zu machen. Überlegen Sie sich dann, welchen Verhaltensweisen oder Schwierigkeiten Sie sich nicht gewachsen fühlen würden. Auf dieser Grundlage kann ein Tierheim den Hund aussuchen, der am besten zu Ihnen passt. Und seien Sie bitte niemals grausam zu ihm. Kein Hund muss bei Ihnen wohnen – vielmehr ist es eine Beziehung, die sich auf Vertrauen stützt, und zwar auf wechselseitiges."

NAME: *Gaspard*
ALTER: *ca. 8*
BESITZERIN: *Lydia*
HERKUNFT: *„Sans Collier Provence",*
Frankreich
HEUTE: *Deutschland*

„Gaspard ist mein erster Hund und mein bester Freund. Da ich im Büro arbeite, sitze ich den ganzen Tag und wollte deshalb ein bisschen aktiver und gesünder leben. Allerdings bin ich absolut nicht der Lauftyp und darum habe ich, als meine Tochter mir erzählte, dass Tierheime immer Leute suchen, die mit Hunden spazieren gehen, gleich das nächste Tierheim angerufen und angefangen einen Hund auszuführen: Gaspard. Da er neu im Heim war und ich Neuling im Hundeausführen, hatten sich zwei gefunden! Zwei Monate später hatte ich ihn bereits adoptiert und zu mir genommen.

Ich habe Gaspard kennengelernt, als er etwa zwei oder drei war, und keiner wusste, wie es ihn in ein Heim verschlagen hatte. Er stammte aus einer ländlichen Gegend in Südfrankreich, wo zwar viele Leute ihre Haustiere lieben, wo es aber auch einige Hunde gibt, die von niemandem versorgt werden und überall umherstreunen. Die Polizei ist angewiesen Streuner zu einer Auffangstation zu bringen, und wenn nach zwei Wochen keiner nach ihnen gefragt hat, werden sie eingeschläfert. Glücklicherweise haben Tierfreunde in den letzten Jahren neue Wohltätigkeitsorganisationen gegründet, die Hunde aus solchen Stationen retten – und so ist Gaspard in das Tierheim gekommen, in dem ich ihn kennengelernt habe. Er sah zwar vernachlässigt aus, aber offenbar hatte er, anders als andere Tierschutzhunde, mit Menschen keine allzu schlechten Erfahrungen gemacht, denn er ist ihnen und den meisten anderen Hunden gegenüber immer sehr freundlich gewesen.

Das Gute daran, dass ich Gaspard schon vor der Adoption ausgeführt habe, ist unter anderem, dass er mich schon kannte und ganz entspannt war, als ich ihn mit nach Hause nahm. Ich aber war ziemlich nervös! Allerdings muss ich zugeben, dass Gaspard eigentlich immer entspannt ist – es grenzt schon an Faulheit. Dieser Entspanntheit ist es wohl auch zu verdanken, dass er nur ganz wenige Verhaltensauffälligkeiten zeigte. Mir fällt eigentlich nur seine Angewohnheit ein, mich in den ersten Monaten ,beschützen' zu wollen, und dass er immer, wenn er angeleint war, zu bellen anfing. Leine los – kein Problem! In der Gesellschaft anderer Hunde will er immer der Boss sein, und am späten Abend oder wenn es regnet, geht er nicht gern noch mal vor die Tür (auch wenn er eigentlich raus müsste). Doch im Grunde ist er entspannt, solange wir etwas tun, was ihm Spaß macht.

Gaspard hat mein Leben sehr verändert und mich offener für die Freuden gemacht, die ein Hund einem bereiten kann. Drei Jahre nachdem ich ihn zu mir genommen hatte, adoptierte ich einen weiteren Hund, eine Zehnjährige namens Trixie. Leider ist sie letztes Jahr gestorben, aber wir hatten viel Spaß zusammen und ich freue mich, dass ich ihr während ihrer letzten Jahre ein schönes Leben ermöglichen konnte. Dankbar aber bin ich, dass ich immer noch Gaspard habe, der mich Tag für Tag bereits erwartet, wenn ich von der Arbeit komme, damit wir gemeinsam unseren Spaziergang machen. Jeden Tag gehen wir nach draußen, ob bei Regen oder Sonnenschein, Sturm oder Schnee. Ich kann mir mein Leben ohne ihn nicht vorstellen – wir sind wie füreinander geschaffen."

Kapitel 5

Fit mit vierzig

*„Manche Niederlagen sind mehr
wert als ein Sieg."*

Ecuador, November 2014

Steif, von Flöhen zerbissen und vor Müdigkeit halb blind erreichten Arthur und ich mit dem übrigen Team die Ziellinie der Adventure-Racing-Weltmeisterschaft in Ecuador und merkten es kaum.

Nach all den Monaten der Vorbereitung, nach all dem Stress und der Anspannung rund um Ausrüstung, Fitness und Navigation stand am Ende ein ganz überraschendes Ergebnis. Schon als wir uns über den letzten Streckenabschnitt bis ins Ziel schleppten, wussten wir, dass wir von den besten fünf Plätzen oder sogar den ersten zehn meilenweit entfernt waren.

Doch das eigentliche Ergebnis, das ich überhaupt erst richtig begreifen musste, bestand darin, dass wir als Viererteam angetreten und nun ein Fünferteam waren. Als wir vier Menschen uns mit einer Mischung aus Entkräftung und Erleichterung in den Armen lagen, betrachtete ich den völlig erschöpften Hund an meiner Seite. Seine Verletzungen sahen noch immer schlimm aus, aber er blieb trotz seiner Schwäche dicht bei mir, als wären wir durch eine unsichtbare Leine miteinander verbunden.

Noch immer benebelt ließen wir uns von den Organisatoren registrieren und dann fanden wir uns in einem Zelt wieder, in dem ein paar Journalisten um eine Reihe aus vier Stühlen herumstanden, jeder mit einem Mikrofon ausgestattet. Ich peilte den Stuhl an, der für mich am nächsten stand, und sah mich nach Arthur um. Natürlich folgte er mir. Sobald ich saß, ließ er sich an meiner Seite zu Boden fallen, als wüsste er sicher, dass er das durfte.

Dann hagelte es Fragen. Zuerst zu den Bedingungen des Rennens (anspruchsvoll, hart, anstrengend, beschwerlich), doch schon bald fragten alle nach „dem Hund", denn sie hatten die Entwicklung unserer Geschichte in den sozialen Medien mitverfolgt.

„Er heißt Arthur", sagte ich, denn ich hatte mir in den Kopf gesetzt, dass mein Freund nur noch bei seinem Namen genannt werden sollte. „Und es geht ihm schlecht. Wir müssen ihn zum Tierarzt bringen."

„Nehmen Sie ihn mit nach Hause?", rief jemand.

Mein Herz setzte kurz aus. Das klang so einfach. Aber ich wusste, es wäre alles andere als einfach, einen kranken Hund ans andere Ende der Welt mitzunehmen – außerdem blieben nur drei Tage Zeit, das zu organisieren.

„Ich weiß noch nicht", sagte ich.

Aber ich wusste es bereits. Arthur sollte mit mir nach Hause kommen.

Stockholm, September 2016

Selbst in einer glücklichen Gegenwart ist es unmöglich, nicht auch über die Vergangenheit nachzudenken. Als wir in Stockholm landeten, waren sofort die Erinnerungen an unsere erste Ankunft wieder da: die ganzen Interviews und die Streitereien mit den Behörden. Doch es war wunderbar, wieder mit Arthur in Stockholm zu sein, jetzt, da er ein festes Familienmitglied war – es fühlte sich an wie die Rückkehr eines siegreichen Helden.

Ein paar Journalisten erwarteten uns, doch die Fernseh- und Radiogrößen waren erst in den kommenden Tagen an der Reihe. Wir wurden also in unser schickes Hauptstadthotel gebracht, wo wir für den nächsten Tag Kraft schöpfen konnten.

Arthur und ich hatten ein Doppelzimmer. Als ich das luxuriöse breite Doppelbett mit den frisch gestärkten Baumwolllaken und die dezente Beleuchtung sah, musste ich grinsen. All das stand für einen Ausdauersportler bereit, der zur Not auch mit ein paar wenigen Stunden Schlaf auf dem Betonboden einer Wechselzone zurechtkäme, und seinen Freund, der eher an verrottende Müllberge im Dschungel gewöhnt war.

Auch am nächsten Morgen kam uns das alles noch sehr surreal vor. Mit zusammengekniffenen Augen traten wir hinaus ins kühle, helle Herbstlicht und betrachteten, was wir bei unserer Ankunft am Abend nicht mehr hatten erkennen können. Das Hotel bot einen spektakulären Ausblick über das Wasser – und der Eingang mit seinem roten Teppich hätte auch in Los Angeles nicht fehl am Platz gewirkt. Auf diesem roten Teppich schaute ich über Arthur hinweg hinaus und musste wieder einmal staunen, wie weit wir beide es gemeinsam gebracht hatten.

Dieses Gefühl begleitete mich noch, als wir uns auf den Weg zu den Studios von TV4 machten, um im Vormittagsprogramm aufzutreten. Außer uns war Peter Jöback eingeladen, der Sänger, der durch seine Zusammenarbeit mit den beiden Abba-Männern berühmt geworden war, außerdem der in ganz Schweden beliebte TV-Einrichtungspapst und Philosoph Ernst Kirchsteiger und – die Red Hot Chili Peppers!

Da leider, wie so oft bei Magazinsendungen, jeder Auftritt einzeln abgedreht wurde, war dann doch Arthur mein einziger Sofanachbar – dabei wäre es sicher eine illustre Gesellschaft gewesen, wenn wir alle nebeneinandergesessen hätten.

Und das war wahrscheinlich für alle das Beste. Nicht zuletzt, weil Arthur gerade besonders ausgelassene Laune hatte.

Als ich unserer zauberhaften Moderatorin Ebba von Sydow ein paar Eindrücke unserer ersten Begegnung schilderte, bemerkte ich, dass Arthur etwas unruhig wurde. Ich schob ihm diskret ein Trockenfleischleckerchen hin, damit er während unseres Gesprächs etwas zu kauen hatte. Lange hielt es aber nicht vor. Sobald er damit fertig war, erhob Arthur sich und beschnupperte ausgiebig den Boden zu unseren Füßen.

Just als ich ein bisschen ausholen musste, um zu erklären, dass Streuner in Ecuador nicht durch Gesetze geschützt sind und unter welchen erbarmungswürdigen Verhältnissen einige von ihnen leben, tappte Arthur geradewegs auf Ebbas Wasserglas zu. Ganz vorsichtig und mit der ihm eigenen Rücksichtnahme begann er es leer zu schlecken und achtete sorgsam darauf, es dabei nicht umzustoßen.

Ich erklärte weiter, dass unsere Stiftung, die Arthur Foundation, hoffentlich zu einer Geldquelle werden würde, um überall auf der Welt Menschen zu unterstützen, die Tierschutzhunden helfen möchten, doch da Arthur versuchte an das Wasser ganz unten im Glas zu gelangen, waren seine Schlabbergeräusche nicht mehr zu ignorieren. Schließlich gab Ebba nach und half Arthur dabei, ihr Glas auszutrinken.

Es war zwar alles gut gegangen, aber auf meiner To-do-Liste für Interviews stand jetzt ein neuer Punkt: Arthur vorher immer ausreichend zu trinken geben.

Marie vom Bonnier-Verlag geleitete uns danach zügig und professionell zu unserer ersten Signierstunde, der noch einige andere folgen sollten. Es war ein unglaubliches Gefühl, so viele Exemplare unseres Buchs dort aufgestapelt zu sehen. Obwohl es erst am Samstag dieser Woche erscheinen sollte, ließen mich die Verlagsleute gleich Hunderte Bücher signieren, um sie an die Buchläden zu schicken, die ich nicht besuchen konnte. Für alle, die ihr Buch von uns beiden signiert haben wollten, gab es sogar einen Stempel mit Arthurs Pfotenabdruck.

Auf die erste Signierstunde folgten weitere Interviews für Radiosender und Zeitungen, unter anderem für unsere alten Freunde

Aftonbladet und *Expressen*, den beiden Redaktionen, die uns in Ecuador am meisten unterstützt hatten. Unser letztes Fernsehinterview in Stockholm gaben wir in der Guten-Morgen-Sendung auf SVT. Diesmal achtete ich darauf, dass Arthur reichlich zu trinken bekommen hatte – doch auch nicht so viel, dass er womöglich in Bedrängnis kommen würde, wenn wir gerade auf Sendung waren (nicht ganz einfach auszutarieren). Außerdem ließen wir Arthur vor der Sendung ausgiebig das Studio inspizieren, damit er nicht während des Interviews umherspazierte.

Damit hatte ich an alle möglichen Fallen gedacht – genug Wasser, das Kennenlernen der Umgebung und ein Trockenfleischhappen, unmittelbar bevor wir auf Sendung gingen. Und ich glaube, es hat funktioniert … Arthur war sehr lebhaft und wollte die ganze Zeit mit den beiden Moderatoren spielen, aber er wäre wohl nicht Arthur, wenn er nicht manchmal auf Menschen zuginge.

Die Reise nach Stockholm war wunderbar und es war fantastisch, so vielen Arthur-Fans zu begegnen. Da nach all den Fernsehauftritten offenbar jeder wusste, dass er gerade in der Stadt war, wurde man an jeder Straßenecke von jemandem angesprochen, der ihn begrüßen wollte. Manche stellten mir dieselbe Frage, die ich auch in Ö'vik oft höre: Wie ist es eigentlich, wenn der eigene Hund berühmter ist als man selbst? Ich antworte immer, dass das großartig ist, und außerdem weiß ich genau, dass meine eigene „Berühmtheit" als Adventure-Racer und Sportler nicht mit Arthurs Ruf als Schwedens (wenn nicht gar weltweit) berühmtestem Einwanderer aus Ecuador zu vergleichen ist.

Schon bald ging es wieder ins Flugzeug, dieses Mal zur Buchmesse nach Göteborg. Den Zeitplan für alle Termine hatte man mir bereits geschickt. Ich wusste zwar, dass die Buchmesse eine große Sache ist, aber als ich dort meinen Namen schwarz auf weiß und Seite an Seite mit denen von berühmten Schriftstellern und Stars entdeckte, ergriff mich doch ein Anflug von Ehrfurcht. Da ich mir trotzdem für meinen Auftritt die meisten Zuschauer wünschte, freute ich mich, dass ich am Mittag dran war – ein guter Platz im Programm. Anscheinend kann man zwar einen Mann aus dem Wettkampf nehmen, ihm umgekehrt aber nicht so leicht den Kampfgeist austreiben – offenbar fand ich immer etwas, worin ich mich mit anderen messen konnte.

Es gab viele Gründe, sich auf Göteborg zu freuen. Sicher war es aufregend, so viele berühmte Gesichter zu sehen, aber darüber hinaus wusste ich, dass viele von Arthurs Fans einiges in Bewegung setzen würden, um ihn zu treffen. Und natürlich war Göteborg mit seinen vielen Wasserspielen und Parks – wo man gut laufen gehen kann (und schwimmen, wenn man Arthur heißt) – nicht nur wegen der Messe eine tolle Stadt. Es gibt sogar einen Regenwald, in dem Arthur eine Zeitreise in seine Jugend unternehmen könnte, falls wir genug Zeit hätten.

Und noch aus einem anderen Grund durften wir uns auf eine schöne Reise freuen. Just unser Auftritt fand an meinem Geburtstag statt, und nicht an irgendeinem, denn ich wurde vierzig. Wenn ich schon meinen runden Geburtstag nicht im Kreis meiner Familie verbringen konnte, war wenigstens Arthur bei mir, dachte ich. Außerdem war es ein Trost, dass ich den Abend beim großen Dinner verbringen würde, das mein Verlag in der prachtvollen Neorenaissance-Villa des Freiherrn Oscar Dickson im Herzen Göteborgs veranstaltete. Sie gehört zu den berühmtesten Häusern der Stadt – was für ein Ort zum Feiern!

Glücklicherweise machte es Arthur inzwischen nichts mehr aus, vor einem Flug in seine Transportbox zu steigen, und ich musste mir auch keine Sorgen mehr über Trennungsangst machen (allerdings lege ich ihm bis heute beim Fliegen eins meiner T-Shirts – mit meinem Geruch – in die Box und das wird auch immer so bleiben.)

Weil der Flug nach Göteborg nicht lange dauert, kamen wir ausgeruht am Flughafen an und waren bereit für unser nächstes

Abenteuer. Durch einen kuriosen Zufall waren die ersten Leute, mit denen wir am Gate ins Gespräch kamen, ein Ehepaar, das wir schon auf den ersten Blick als Arthur-Fans erkannten.

„Was für eine Freude, Sie zu sehen", sagte der Mann, kaum dass die beiden in Hörweite waren. Er und seine Frau strahlten vor Freude über unser Zusammentreffen übers ganze Gesicht. „Wir sind gerade von Karlstad hergeflogen, um Sie auf der Buchmesse zu sehen."

„Und jetzt sind Sie sogar hier", sagte seine Frau und schaute auf, während sie noch Arthurs Kopf tätschelte. „Sie haben so etwas Wunderbares getan. Gott segne Sie für Ihr großes Herz."

„Ja", fügte ihr Mann hinzu, „Sie sind ein Vorbild für selbstloses Verhalten. Wir mussten Sie einfach kennenlernen."

Und fast so plötzlich, wie sie aufgetaucht waren, waren sie schon wieder verschwunden. Wie so viele, die unsere Geschichte bewegt hat, wollten sie uns einfach Hallo sagen und uns dafür danken, dass wir ihr Vertrauen in die Menschlichkeit gestärkt hatten. Wie ich aus vielen, vielen E-Mails, Postkarten und sogar Telefonanrufen wusste, gab es manchen Menschen offenbar neue Kraft, zu erfahren, wie Arthur und ich darum gekämpft hatten, zusammenzubleiben und wie wir durch die Opfer, die wir gebracht hatten, inzwischen beide ein glückliches Leben führten.

Anscheinend betrachteten manche Leute unsere Geschichte als Vorbild für ihr eigenes Leben. Eine dreiundneunzigjährige Frau hatte mir sogar geschrieben und ein Foto beigelegt, auf dem sie sich auf ihre Gehhilfe stützt. Vorn am Gestänge ist ein Bild von Arthur und mir befestigt, das sie offenbar an unseren Mut und unsere Entschlossenheit erinnert, was wiederum ihr selbst Mut und Entschlossenheit gibt.

„Na, Arthur", sagte ich und umarmte ihn, „eigentlich ist alles in Ordnung, oder? Wir haben einander. Und alles ist gut."

Dann kam der Samstag, der Tag unseres großen Auftritts und des Dinners – mein Geburtstag. Er fing schon gut an, nämlich mit telefonischen Glückwünschen von Helena. Es war wunderbar, ihre Stimme zu hören, und dann sang Philippa sogar für mich „Happy Birthday" durchs Telefon. Auch Thor sang mit, aber mit einem Jahr war er vielleicht noch nicht ganz so textfest wie seine Mutter und seine Schwester.

Und so gut, wie er angefangen hatte, ging der Tag weiter, denn Arthur und ich gingen zum Laufen in den Slottsskogen-Park, ein riesiges Erholungsgebiet mit viel Wald mitten in der Stadt – wie geschaffen für Hunde, die mal wieder ordentlich Bewegung brauchen. Es war ein warmer Septembertag und die glitzernde Sonne auf dem grünen Laub der Birken und Eichen sah herrlich aus. Arthur war anscheinend ganz in seinem Element. Sicher gab es dort die verschiedensten Gerüche zu erkunden, aber auch der Bach, der mitten durch den Park fließt, gefiel ihm. Als ich ihn so umherplantschen sah, ganz wie zu Hause in den Seen, staunte ich wieder einmal darüber, wie sehr er Wasser liebt. Die kühlen Bäche Schwedens und der Schnee – so wenig sie mit dem südamerikanischen Dschungel gemeinsam haben, so sehr liebt Arthur diese Welt.

Als Nächstes stand eine Signierstunde am Rand des Buchmessengeländes auf dem Programm, dann bahnten wir uns unseren Weg zu dem Veranstaltungsort, wo wir interviewt werden sollten, und unterwegs stieß auch Anders zu uns, unser Verleger. Dabei bekamen wir überall aus der Menschenmenge eine erstaunliche Resonanz, überall waren wir von Bewunderern umgeben. Alle wollten Arthur Hallo sagen und uns erzählen, wie sehr sie unsere Geschichte bewegte. Deshalb brauchten wir für den Weg zum Veranstaltungsort viel länger als gewöhnlich – schließlich konnte ich Leuten, die extra wegen uns gekommen waren, unmöglich verbieten, Arthur zu begrüßen, und alle bekamen dazu Gelegenheit, auch wenn wir dadurch nur langsam vorwärtskamen. Endlich jedoch waren wir da – bei einer großen, mit Teppichboden ausgelegten Fläche rings um das Podium, auf dem das Interview stattfinden sollte. Ich glaube, wir sorgten durch unsere Ankunft für mächtigen Aufruhr. Tatsächlich machten wir viel Lärm, weil Arthur vom Laufen noch ganz aufgekratzt war und bei jedem Applaus mitbellte.

Wir kamen während der zweiten Hälfte der vorausgehenden Veranstaltung an, in der Alex Schulman, der aus dem Fernsehen bekannte Journalist, sein neues Buch vorstellte. Leider meinte Arthur, er müsse die Leute beim Klatschen unterstützen. Sein Bellen übertönte fast den Applaus für den Autor. Mir war, als fände Herr Schulman das gar nicht witzig. (Und wie sich später herausstellte, hatte ich recht. Er veröffentlichte einen Podcast, in dem er anmerkte, Hunde hätten bei einer Buchmesse nichts zu suchen.)

Dann machten Arthur und ich uns für das Interview bereit. Ich freute mich, dass die Karten ausverkauft waren, doch ich war nicht so glücklich darüber, dass es immer heißer wurde – wohl wegen der vielen Leute, die sich hier an diesem ohnehin warmen Tag drängten.

Anders ging für Arthur Wasser holen. Als er zurückkam, trug er eine Plastikschüssel, die fast überschwappte, schaute mich an und sagte: „Normalerweise serviere ich meinen Autoren ihr Wasser nicht in der Schüssel, aber vielleicht kommt er damit etwas besser zurecht als mit dem Glas neulich im Fernsehstudio."

Die Zuschauer in den letzten Reihen mussten stehen und vorn quetschten sich die Menschen auf dem Boden in jedem verfügbaren Eckchen zusammen. Unser Podiumsgespräch kam sehr gut an, und als ich nach dem Applaus allen für ihr Kommen dankte, verstanden sie hoffentlich, wie ernst das gemeint war – und wie viel mir all das bedeutete.

Da sich Anders nun um seine anderen Autoren kümmern musste, gingen wir zum Bonnier-Stand, wo wir dem *Expressen* ein Interview gaben – der Zeitung also, die gleich zu Anfang unsere Geschichte in allen Einzelheiten mitverfolgt hatte (und das übrigens bis heute tut). Wir kamen nur schwer zum Stand durch, daher hielt ich es nach dem Interview für das Beste, Arthur (und mir) ein wenig Ruhe abseits der Menschenmassen zu gönnen. Nicht dass die Menge Arthur auch nur im Geringsten aus der Fassung brachte, aber wenn wir eine ruhige Ecke fänden, könnte ich vielleicht Helena anrufen und ihr erzählen, wie es gelaufen war.

Bonnier hatte einen Riesenstand, wie es bei dem größten Verlag Schwedens zu erwarten war, und auf einer zweiten Ebene gab es einen besonderen VIP-Bereich. Arthur und ich stiegen die Treppen hinauf. Ich ließ mich in einer Ecke nieder und nahm mein Telefon heraus. Da hörte ich plötzlich ein Zischen. Oh je! All das Wasser, das Arthur zu sich genommen hatte, musste eben irgendwann wieder heraus. Und das mitten auf dem roten Teppich des VIP-Bereichs …

Ich suchte jemanden, der mir beim Aufwischen helfen könnte. Arthur, der inzwischen wieder auf vier Beinen stand, schaute völlig unschuldig drein. Obwohl er gleich neben einer Riesenpfütze stand.

Dann kamen von irgendwoher Bonnier-Mitarbeiter mit besorgten Minen und dicken Lappen. Wieder schoss mir durch den Kopf, wie gut es doch war, dass Arthur so beliebt war, denn wie andere Schriftsteller verhielt er sich nun mal nicht …

Nach einem langen Tag gingen wir beide zum Duschen und Umziehen zurück ins Hotel – ich ging unter die Dusche und zog mich um, Arthur hielt nur ein Schläfchen. Am Abend zuvor hatte ich Arthur im Hotelzimmer gelassen, während ich mit Anders und seinen Kollegen von Bonnier essen gegangen war. Alle waren sich aber einig gewesen, dass ich Arthur ausgerechnet an meinem Geburtstag auf keinen Fall zurücklassen konnte (irgendwie hatten sie davon erfahren …), vor allem da das Abendessen in der großen privaten Villa stattfinden sollte, die der Verlag gemietet hatte, damit es genug Platz für alle gab.

An diesem Abend trafen Anders, Arthur und ich schick herausgeputzt in der Dickson'schen Villa ein (Arthur mit seinem schwarzen Halsband für festliche Anlässe). Es war ein prächtiges, imposantes Haus mit einer riesigen Eingangshalle, die in einen noch riesigeren Speisesaal führte. Zu dritt gingen wir hinein und schauten uns um: Auf den gedeckten Tischen glänzten Silberbesteck und Gläser und an jedem Platz lagen wunderschön handgeschriebene Namenskärtchen.

Ich ging nachsehen, wo mein Platz war. Ich saß mittendrin, neben einem Schriftsteller, den ich kannte, und umgeben von berühmten Namen aus dem Fernsehen und der Bücherwelt. Auf meinem Weg von Tisch zu Tisch staunte ich erneut, in welch illustrer Gesellschaft Arthur und ich uns bewegten.

Die illustre Gesellschaft traf nach und nach ein und schon bald war die Eingangshalle erfüllt vom Gemurmel der Leute, die einander begrüßten, ihre Mäntel ablegten, lachten und sich von einem der zahlreichen Kellner ein Glas Champagner reichen ließen. Es war sehr eindrucksvoll. Arthur stand neben mir, vielleicht nicht so beeindruckt wie ich, aber friedlich und zufrieden. Anders stellte uns ein paar Autorenkollegen vor und sagte dann zu mir: „Wir haben heute übrigens noch was zu feiern. Grade habe ich vom Vertrieb gehört, dass *Arthur* sofort auf Platz eins der Bestsellerliste eingestiegen ist."

„Hey!", rief ich. „Das ist ja fantastisch!" Ich schaute zu Arthur hinab. „Hast du gehört, Arthur? Du bist auf Platz eins!"

„Ja, das kann man wohl sagen", sagte Anders und lächelte. „Und ein super Geburtstagsgeschenk, oder?"

„Das beste überhaupt", sagte ich und meinte es ernst.

Mit Arthur an meiner Seite ging ich zurück in den Speisesaal und fühlte mich großartig. Wie oft bekommt man schon am gleichen Tag ein glanzvolles Geburtstagsdinner und erfährt, dass man auf Platz eins der Bestsellerliste steht?

Wir setzten uns und ich unterhielt mich mit dem bekannten Autor neben mir. Da an jedem Platz eine gedruckte Karte mit der Speisenfolge lag, sah ich, dass es fünf Gänge gab, und jeder einzelne klang sagenhaft lecker. Gerade hatte ich die Karte wieder hingelegt, als ich spürte, dass neben mir jemand stand. Ich sah auf. Eine imposante Dame starrte auf mich herab.

„Gegen Hunde bin ich allergisch", sagte sie eisig. „Ich kann mich nicht im gleichen Raum aufhalten wie dieser Hund."

Mir fiel die Kinnlade herunter. Bei allen Pannen, die ich mir an diesem Abend hätte vorstellen können: Damit hatte ich nicht gerechnet. Ihr Platz war ganz am anderen Ende des Saals und ich wunderte mich, wie jemand so sensibel auf einen Hund reagieren sollte.

Aber das konnte ich natürlich nicht sagen. Ich war noch immer ganz baff. Dann erwiderte ich: „Ja, hm, tut mir leid. Aber vermutlich ... tja, dann muss ich ihn wohl nach draußen bringen." Die Frau starrte mich weiter an, dann machte sie auf dem Absatz kehrt und marschierte zurück zu ihrem Platz an der gegenüberliegenden Seite des Saals.

Ich stand auf, und auch Arthur, der bis dahin ruhig neben mir gesessen hatte, erhob sich und fragte sich wahrscheinlich, warum wir uns so schnell wieder verabschiedeten. Ich ging hinüber zu Anders' Tisch, am anderen Ende des Raums.

„Ich bringe Arthur mal nach draußen", sagte ich. „Die Dame da drüben hat eine Hundeallergie. Eine andere Lösung gibt es vermutlich nicht, oder?"

„Das tut mir leid, Mikael", sagte Anders. „Aber an der Garderobe wird man sich sicher gut um ihn kümmern."

Die junge Frau hinter der Ausgabetheke war gern bereit auf Arthur aufzupassen – schließlich war er ja selbst ein Star –, daher gab ich ihr seine Leine, besorgte ihm eine Schüssel Wasser und drückte ihn. Dann ging ich zurück zur Tafel und fand es traurig, dass Arthur dieses große Ereignis nicht zu meinen Füßen erleben sollte.

Im nächsten Augenblick kam schon der erste Gang. Bei seinem Anblick lief mir das Wasser im Mund zusammen. Die Karte hatte offenbar nicht zu viel versprochen. Ein Stück herzhafte Pastete mit zarten Salatblättchen und vier unterschiedlichen Toastecken ange-richtet. Ich wollte gerade kosten, als ich ein Husten und ein zöger-liches „Entschuldigen Sie bitte" hörte. Die Frau aus der Garderobe stand neben mir.

„Ich glaube, Sie müssen mal kommen", sagte sie. „Arthur gehts nicht gut."

Ich stand auf und musste an das letzte Mal denken, dass mich jemand hatte rufen lassen, weil es Arthur nicht gut ging. Als er nach der Operation kurz nach unserer Ankunft aus Ecuador vor Ver-zweiflung so sehr geheult hatte. Schon auf dem Weg zurück zur Garderobe konnte ich ihn hören. Es war zwar kein Vergleich zu dem Heulen damals im Tierkrankenhaus, aber dennoch ein trauri-ges Geräusch. Arthur winselte und winselte, dann jaulte er kurz auf und seufzte. Ich ging in das Zimmer hinter der Garderobe, wo er lag. Sobald er mich sah, hörte er auf. Mit wedelndem Schwanz kam er zu mir und vergrub seine Schnauze in meiner Hand.

„Hey, Arthur", sagte ich. „Alles ist gut."

Da kam die Verwalterin der Villa herein und hinter ihr Anders. Arthur hatte sich wieder beruhigt.

„Wenn es ihm hier nicht gefällt, sagte sie, kann er gern zu mir ins Büro kommen – gleich auf der anderen Seite der Empfangshalle."

Ich sah Arthur an und betrachtete die besorgten Gesichter rings-umher. Ich dachte an das leckere Essen, das im Saal auf mich war-tete. Ich dachte, dass ich eben noch in so festlicher Laune gewesen war. Und all das an meinem Geburtstag.

Aber es nützte ja nichts. Wenn es Arthur an der Garderobe oder in irgendeinem Büro schlecht ging, konnte ich kein Fünf-Gänge-Menü genießen und gepflegte Konversation betreiben. Geburtstag hin oder her.

„Vielen Dank", sagte ich. „Ist schon in Ordnung. Ich glaube, wir müssen Ihnen nicht zur Last fallen. Ich gehe einfach mit Ar-thur zurück ins Hotel." Anders schaute betreten drein. Aber was sollte er auch tun? Ich wusste, es war die richtige Entscheidung. Wir mussten gehen.

„Ist schon okay, Anders", sagte ich. „Ich verstehe, wie du dich fühlst. Du kannst ja auch nichts daran ändern. Wir kommen schon klar. Bis morgen dann."

Ich nahm meinen Mantel und wir gingen in die Nacht hinaus. Arthur lief neben mir, als würden wir nur einen spontanen Nachtspaziergang machen. Ich schaute zu ihm hinunter und sagte: „Wenn du nicht dabei sein darfst, will ich auch nicht da sein. Wir sitzen in einem Boot. Schließlich sind wir ein Team."

Auf dem Weg zum Hotel kamen wir an einer Burgerbar vorbei. Bei dem Geruch bekam ich gleich wieder Appetit. Aber ich brachte es nicht übers Herz: ein Burger anstelle eines edlen Steaks? Wir gingen an der Bar vorbei, ins Hotel und gleich aufs Zimmer. Ich wollte Helena anrufen und mich früh hinlegen.

Als ich neben Arthur auf dem Bett lag, dachte ich, dass es trotz des verpassten großartigen Dinners wichtiger war, dass wir füreinander da waren. Das Leben war schön. Ich kraulte Arthur an seiner Lieblingsstelle hinter dem Ohr und sagte: „Happy Birthday to me …"

NAME: *Dewey*
BESITZERIN: *Emmeline*
HERKUNFT: *„Humane Society*
Canada" und „SPCA",
Montreal, Kanada
HEUTE: *Montreal*

Ich habe im Lauf der Jahre mehrere Hunde adoptiert, doch Dewey wird darunter immer einen besonderen Rang einnehmen. Leider ist er letztes Jahr gestorben, aber immerhin konnte er nach einem schwierigen Start ins Leben ein paar tolle Jahre mit mir verbringen und ich kann mir keinen besseren Hund als Fürsprecher für Tierschutzhunde vorstellen als ihn. Ich lebe jetzt seit zehn Jahren in Montreal und habe mich in dieser Zeit sehr Im Tierschutz engagiert. Deshalb war ich auch als ehrenamtliche Helferin der SPCA of Canada (etwa: Kanadische Gesellschaft zur Verhinderung von Tierquälerei) bei der gemeinsamen Razzia eines Massenzuchtbetriebs durch HS International und die SPCA dabei. Alle aus dem Betrieb geretteten Hunde wurden ins SPCA-eigene Tierheim gebracht und ich half sie zu betreuen. Die meisten waren Yorkshire Terrier, aber es waren auch etwa zehn Chihuahuas darunter und irgendetwas an der lustigen, süßen und dabei schelmischen Art dieser Hunde sprach mich an. Da ich ja wusste, was sie durchgemacht hatten, traute ich meinen Augen kaum, als ich sie danach fröhlich in ihren Zwingern spielen sah, auch wenn es eine Weile dauern sollte, bis sie neuen Bekanntschaften – vor allem Männern – Vertrauen schenkten.

Damit die Hunde gesund blieben – körperlich wie geistig –, war es wichtig, sie gleich nach ihrer Einstufung in Pflegefamilien zu geben. Ehrenamtliche wie ich waren dabei die erste Wahl und ich gab als Wunschkandidaten mehrere Hunde an, zu denen ich auf Anhieb eine Zuneigung verspürt hatte. Am stärksten hatte ich mich zu drei Chihuahuas und einem Yorkshire Terrier hingezogen gefühlt, doch letzten Endes zählte die Entscheidung der zuständigen SPCA-Mitarbeiterin, welcher Hund am dringendsten eine Pflegeperson brauchte. Hier nahmen die Dinge plötzlich einen unerwarteten Verlauf. Dewey war nicht in dem Bereich, in dem ich arbeitete: In dem Zuchtbetrieb war er ein Deckrüde gewesen, und da seine Gesundheit aufgrund der Vernachlässigung angeschlagen war, hatte man ihn in die tierärztliche Abteilung unseres Tierheims gebracht. Aufgrund ernster Probleme mit seinem Gebiss mussten ihm alle Zähne entfernt werden. Die Mitarbeiterin, die sich um die Verteilung kümmerte, schickte mir ein Foto, das gleich bei seiner Ankunft gemacht worden war, und sofort wurde ich schwach. Als ich das nächste Mal ins Tierheim kam, machte ich einen Schlenker durch die tierärztliche Abteilung, um nach ihm zu sehen, und danach wusste ich einfach Bescheid! Er war der süßeste Hund der Welt. Noch heute kommen mir die Tränen, wenn ich an diesen Augenblick denke.

Als ich Dewey in Pflege nahm und ihn nach Hause brachte, war meine größte Sorge, wie er auf meine beiden Tierschutzkatzen reagieren würde. Diese Sorge aber war unbegründet: Die Katzen waren neugieriger auf ihn als umgekehrt! Er machte es sich sofort auf dem Schlafplatz bequem, den ich für ihn in einer großen Schublade eingerichtet hatte, und streckte jedes Mal, wenn er etwas haben wollte, seinen Kopf heraus, um mich anzuschauen. In der Einschätzung des Tierheims war er als ‚sehr scheu' beschrieben und das stimmte auch, aber wie ich schon bald merkte, war er außerdem ziemlich süß. Seine Scheu war die bedeutendste Nachwirkung seiner schlimmen Vergangenheit und in unbekannten Situationen oder einer fremden Umgebung begann er sofort zu zittern. Er hielt sich immer ganz in meiner Nähe, wo er sich beschützt fühlte, während er anderen Menschen nie leicht sein Vertrauen schenkte – allerdings muss ich sagen, dass ich viel auf die Intuition eines Hundes gebe!

Schon bald wurde mir klar, dass ich Dewey, so gern ich ihn in Pflege hatte, am liebsten ganz adoptieren wollte. Doch das war alles andere als einfach. So unglaublich das angesichts der ganzen Umstände klingt, gehörten alle Hunde rechtlich gesehen immer noch dem Zuchtbetrieb und mit ihm befand sich die SPCA noch mitten im Rechtsstreit um die Frage, ob die Hunde zur Adoption angeboten werden konnten. Mitte Dezember 2013 gab der Zuchtbetrieb sie endlich frei und die bisherigen Pflegefamilien hatten Vorrang. Ich wusste inzwischen, dass ich ohne Dewey nicht leben konnte, und als ich erfuhr, dass ich ihn jetzt adoptieren durfte, weinte ich Freudentränen und drückte ihn fest an mich, als ich nach Hause kam.

Obwohl man das von einem Chihuahua gar nicht erwarten würde, liebte Dewey Ausflüge in die freie Natur und rannte gern umher. Nacheinander lebte er in zwei Ländern, die ihm beide gefielen: in Kanada (seinem Geburtsland) und in Ecuador (in meinem). Er hatte eine ausgeprägte Persönlichkeit und fürchtete sich nicht vor anderen Hunden – auch wenn er klein und verletzlich aussah, konnte er doch glücklich und zufrieden neben einer Deutschen Dogge stehen und sich mit ihr anfreunden. Außerdem versteckte er sich gern unter der Bettdecke oder baute sich aus Decken, Handtüchern und Kleidern eine kleine Höhle, in der es nicht einmal mehr ein Luftloch zu geben schien. Nahm ich ein Handtuch weg, sodass ein Stück von ihm entblößt war, war er darüber alles andere als glücklich, deshalb deckte ich ihn immer wieder zu. Ich erinnere mich gut, dass er schon an der Tür stand, wenn ich nach Hause kam, und sobald ich drinnen war, lief er los und kroch auf seine Matte, wo er mich erwartete und

Aufmerksamkeit verlangte. Es war für ihn wie ein Spiel. Er passte genau in meine Handtasche und begleitete mich überallhin: zum Supermarkt, ins Einkaufszentrum und sogar ins Kino oder Theater. Er konnte sich gut anpassen und war glücklich, solange wir zusammen waren.

Alle meine Hunde haben mir das Leben schöner gemacht, aber Dewey hat es wirklich verändert. Er hat den Mutterinstinkt in mir geweckt. Ich wollte ihn beschützen, jede Minute seines Lebens sollte er genießen und sich in jeder Umgebung wohlfühlen. Er hat mir vor Augen geführt, wie wichtig es ist, für unsere Lieben zu sorgen, egal wie schwer das Leben gerade ist, und er hat mir beigebracht, wie man stark sein kann – denn trotz seiner geringen Größe war er stark. Obwohl er viel hatte ertragen müssen, war er freundlich und liebevoll und hat schließlich ein schönes Leben gehabt. Wegen Dewey engagiere ich mich heute noch lautstärker gegen das Problem der Massenzucht in Kanada und ich hoffe, dass ich um seinetwillen etwas Entscheidendes verändern kann.

Leider wurde 2016 bei Dewey ein Hirntumor festgestellt und er starb vier Monate später. Es brach mir das Herz, aber auch dabei habe ich wieder etwas gelernt: dass man ein gutes Leben leben soll und dass wir die Weisheit und die Tapferkeit besitzen müssen, zu wissen, wann die Zeit zum Abschiednehmen gekommen ist. Dank Dewey habe ich viele wunderbare Erinnerungen, denn er war ein wunderbarer Gefährte. Einen besseren Hund hätte ich mir nicht wünschen können, und allen, die sich einen Hund anschaffen wollen, möchte ich sagen: ‚Bitte entscheidet euch für einen Tierschutzhund.' Man geht eine große Verpflichtung ein, aber die Liebe, die man zurückbekommt, ist rein, vorbehaltlos und absolut unvergesslich."

NAME: *Shakira*
ALTER: *6*
BESITZER: *Michelle und Peter*
HERKUNFT: *Straßen von*
Mangalia, Rumänien;
vermittelt von der schwedischen
Wohltätigkeitsorganisation
„Föreningen DogRescue"
HEUTE: *Schweden*

„Als ich mit meinem Partner Peter nach Schweden zog, wollte ich unbedingt einen Hund adoptieren, aber ich sprach noch kein Schwedisch. Ich googelte nach Tierschutzhunden in Schweden, aber ohne Erfolg (heute weiß ich, dass ich nach den falschen Begriffen gesucht habe). Schließlich entdeckte ich eine Internetseite, die aus ganz Europa Hunde vermittelt, und wählte die Rubrik ‚Rumänien', weil dort einige der schlimmsten Geschichten über die Behandlung von Hunden zu lesen waren. Ich fand zwei große schwedische Organisationen, die in Rumänien arbeiteten, und sah mir im Internet ihre gerade zu vermittelnden Hunde an. Ein paar Monate lang suchte ich, dann fand ich schließlich Shakira und war sofort verliebt. Sie war damals erst ein gutes Jahr alt und hatte schon sechs Monate in dem Rettungstierheim zugebracht. Ich zeigte sie Peter, und da sie auch ihm sehr gefiel, sprachen wir mit der Organisation über eine Adoption.

Mihaela, die Frau, die Shakira in Rumänien gerettet hatte, erzählte mir, sie habe sie ausgesetzt an einer Tankstelle nahe Mangalia gefunden, als sie noch ein Welpe war. Da sie gut zurechtzukommen schien, fütterte Mihaela sie nur, das aber regelmäßig, doch eines Tages war sie verschwunden. Ein Mitarbeiter der Tankstelle erzählte Mihaela, sein Chef habe angeordnet den Hund wegzubringen und er wisse nicht, wo er sei. Ich weiß nicht, wie viel Zeit danach verstrich, aber irgendwann traf Mihaela Shakira auf einem Supermarktparkplatz wieder. Da beschloss sie, sie mit nach Hause zu den Tierschützern zu nehmen. Sie halten immer auch die charakterlichen Eigenschaften der Hunde fest und daher weiß ich, dass Shakira anscheinend immer eine Vermittlerin zwischen den Hunden war. Das merkt man bis heute: Wenn wir auf eine Freilaufwiese gehen und ein Hund von anderen geärgert wird, setzt sie sich für ihn ein.

Als die Adoption unter Dach und Fach und der Papierkram und alle Impfungen erledigt waren, mussten wir sie nur noch nach Hause holen. Ich kann mich noch gut erinnern, wie wir Shakira vom Flughafen Stockholm abholten. Sie hatte große Angst. Da sie noch nie auf einem so glatten Boden gelaufen war, musste Peter sie nach draußen tragen, weil sie sonst Panik bekommen hätte. Der Flug war offenbar sehr anstrengend gewesen, denn während der ganzen vierstündigen Fahrt nach Hause schlief sie. Als wir angekommen waren, legte sie sich auf ihre Matte im Hausflur. Ich setzte mich zu ihr, doch Peter fand, es sei doch sicher besser, ihr ein wenig Zeit allein zu gönnen, damit sie sich eingewöhnen könne. Widerwillig stimmte ich zu, obwohl ich bei meinen früheren Hunden nie so vorgegangen war. Etwa eine halbe Stunde später holte ich mir etwas zu trinken – und auf dem Rückweg sah ich, wie Peter neben Shakira auf dem Boden lag, sie streichelte und sanft mit ihr redete.

Am Anfang fürchtete sie sich vor allem und wollte nicht mit ins Haus kommen. An den ersten Tagen musste Peter sie hochheben und hineintragen. Wenn er nicht da war, musste ich sie während der ersten Woche mit Fleisch hereinlocken, und es dauerte etwa einen Monat, bis sie sich so wohl fühlte, dass sie auch im Haus umherwanderte. Wenn sie schlief, legte sie sich immer mit dem Rücken zur Wand oder an die Couch, damit sie genau sehen konnte, wer sich näherte. Und wenn wir nach draußen gingen, versuchte sie davonzulaufen. Andere Hunde lernte sie gern kennen, doch bei Menschen war sie zurückhaltend. Daneben gab es einige andere Verhaltensauffälligkeiten, um die wir uns kümmern mussten, nie aber mit Nachdruck. Wir wurden nie laut. Wir ließen ihr die Zeit, die sie brauchte. Oft merkten wir deutlich, dass sie zwar gern getan hätte, worum wir sie baten, dazu aber zu viel Angst hatte; dann gaben wir ihr etwas als positive Verstärkung. Nichts ist befriedigender zu beobachten als ein Hund, der wieder lernt Vertrauen und Zuneigung zu entwickeln.

Heute, nach fünf Jahren, ist sie wie ausgewechselt. Sie ist eine glückliche, selbstsichere Hündin, die uns vertraut, und sie weiß genau, dass dieses Haus ihres ist. Wir haben noch nicht versucht sie ohne Leine auszuführen, weil sie gern jagen geht, aber davon abgesehen ist alles perfekt. Sie ist der schlaueste und freundlichste Hund, den wir je hatten. Damals im Tierheim lebte sie mit Männchen und Weibchen, mit großen und kleinen Hunden zusammen und sie mochte alle. Einmal sind wir einem kleinen Welpen begegnet. Er sprang ein paarmal an ihr hoch und ins Gesicht, doch Shakira drehte nur den Kopf zur Seite und wartete ab, bis der Welpe sich beruhigt hatte. Nach etwa einer Minute hörte er auf, sie anzuspringen, sie beschnupperten einander und fingen dann an zu spielten.

Was ich an Shakira besonders mag, ist unter anderem, wie sehr sie sich anstrengt ihre Ängste zu überwinden. Als sie zum ersten Mal Kühe sah, fürchtete sie sich riesig. Sie schlich sich so leise sie konnte vorbei, damit sie unbemerkt blieb, und sobald die Kühe sie ansahen, rannte sie los. Während ihres ersten schwedischen Sommers änderte sich daran nichts. Im zweiten Sommer war alles in Ordnung, solange die Kühe auf der anderen Seite des Zauns blieben. Im dritten Sommer war sie noch mutiger geworden, und wenn sie diesmal zum Zaun kamen, ging sie vorsichtig zu ihnen hin. Sie berührte sogar eine mit ihrer Schnauze an der Nase. Jeden Tag, wenn wir wieder dort vorbeikamen, schaute sie nach, ob die Kühe auch da waren. Einmal spielte sie mit der gleichen Kuh wieder das Nasenspiel. Doch dann schleckte die Kuh ihr einmal quer übers ganze Gesicht. Das war definitiv ein Bild fürs Fotoalbum. Shakiras Augen wurden groß wie Untertassen. Sie drehte sich zu uns um, als wollte sie sagen: ,Habt ihr das gesehen?!'

Shakira hat so viel Freude in unser Leben gebracht, dass wir uns nicht vorstellen mögen, was wohl mit ihr geschehen wäre, hätte Mihaela sie nicht von der Straße gerettet. Wenn Sie gern einen Hund hätten, fände ich es wichtig, einem heimatlosen die Chance auf ein gutes Leben zu geben, ein Leben, das solche Hunde verdient haben. Welpen sind natürlich ein großer Spaß, aber meiner Erfahrung nach weiß ein geretteter Hund, was es bedeutet, nichts zu haben und in schrecklichen Umständen zu leben. Es ist schwer zu beschreiben, aber ich glaube, sie haben eine andere Einstellung. Sie wissen ein liebevolles Umfeld viel mehr zu schätzen. Sie strengen sich an, immer zu gehorchen, damit sie das, was sie haben, nicht aufs Spiel setzen.

Es ist jedoch wichtig, sich gut vorzubereiten; Sie müssen die Persönlichkeit des Hundes kennen und darauf achten, dass der Hund zu dem Lebensstil Ihrer Familie passt. Hunde brauchen Stimulation und müssen mit Menschen interagieren können. Das Wichtigste aber ist, dass Sie wissen, dass Hunde die gleichen Gefühle haben wie Menschen. Sie wissen, was Liebe ist. Sie können glücklich und traurig sein und Schmerz empfinden wie Sie und ich. Aber komme was wolle – sie sind immer loyal und schenken Ihnen jeden Tag ihres Lebens ihre bedingungslose Zuneigung."

NAME: *Smiley*
ALTER: *8*
BESITZERIN: *Erica*
HERKUNFT: *Auffangstation einer*
rumänischen Stadt
HEUTE: *Stockholm, Schweden*

„Ich werde manchmal gefragt, warum ich mich dafür entschieden habe, einen Tierschutzhund aufzunehmen, dann sage ich: ‚Das habe ich gar nicht – er hat entschieden.' Ich war im Rahmen meiner ehrenamtlichen Arbeit für heimatlose Hunde in Rumänien, hatte aber nicht im Sinn, selbst einen Hund aufzunehmen, und ehrlich gesagt konnte ich es auch gar nicht, da ich weder die Mittel noch genug Zeit dazu hatte. Eines Tages aber stieß ich im Gehege der Auffangstation auf Smiley, der zusammengekauert hinter einem Zwinger auf dem Boden lag und heftig zitterte, und irgendetwas an ihm sprach mich an. Ich machte es mir zur Aufgabe, irgendwie einen Zugang zu diesem Hund zu finden. Drei Tage brauchte ich, um ihn aus seiner Ecke zu locken, und als er endlich herauskam, musste ich ihn aus dem Gehege tragen, weil er zu verängstigt war, um aus eigenem Antrieb zu laufen. Wir versuchten ihn an ein Halsband zu gewöhnen, doch da er sich sofort in Unterwerfungshaltung auf den Rücken warf, legten wir ihm stattdessen ein Geschirr an. Er und ich saßen außerhalb des Geheges und ich streichelte ihn stundenlang, jeden Tag.

Als ich eines Tages in das Gehege kam, ließ er seinen Fressnapf stehen, was bei fünf Mitbewohnern im Gehege bedeutet, dass man sein Abendessen definitiv abschreiben kann. Ich merkte, dass er sich von seinem Napf abgewandt hatte, um mich zu begrüßen, und tatsächlich kam er mit einem breiten Grinsen im Gesicht zu mir. Von da an konnte ich ihm nicht mehr widerstehen. Ich wusste, ich konnte ihn nicht dort zurücklassen, denn sicher galt er als zu ängstlich, um je adoptiert zu werden. Ich war seine einzige Chance.

Niemand kennt Smileys ganze Geschichte. Er wurde auf der Straße aufgesammelt und zur städtischen Auffangstation gebracht. In Rumänien sind diese Stationen schlimmer als das Leben auf der Straße. In dieser Einrichtung lebten die Hunde auf dem nackten Betonboden, wurden nur einmal pro Woche gefüttert, und so gut wie alle hatten Angst vor Menschen, weil sie häufig getreten wurden. Um die Käfige von Urin und Kot zu reinigen, spülte das Personal sie mit eiskaltem Wasser aus dem Schlauch durch – egal ob Sommer oder Winter, und auch ob gerade ein Hund im Weg stand, war diesen Leuten gleich. Deshalb hatten viele Tiere im Winter Eiszapfen im Fell, viele verhungerten und keiner wurde behandelt, wenn er krank wurde. Smiley wurde an einer Schlinge herausgezerrt und über den rauen Betonboden geschleift.

Es war schwierig, Smiley aus Rumänien nach Hause zu bringen, doch der Tag, an dem er tatsächlich ankam, verlief ganz ruhig. In der ersten Woche wohnten wir in der Hütte eines Freundes mitten im Wald, damit ihm der Übergang zu einem Leben in der Stadt ein bisschen leichter fiel. Er wanderte umher und inspizierte die Hütte, dann sprang er neben mir auf die Couch, rollte sich zusammen und schlief den ganzen Tag mit seinem Kopf auf meinem Schoß. Ich bin mir sicher, dass Smiley einmal ein Zuhause gehabt haben muss, denn anders als einige andere Tierschutzhunde fürchtete er sich weder vor dem Boden noch vor dem Fernseher oder vor anderen Teilen der Einrichtung und außerdem war er stubenrein.

Doch er hatte auch Narben von seinen Erlebnissen zurückbehalten. Er war sehr ängstlich und erschöpft und konnte nur zehn Minuten spazieren gehen, ehe er zu keuchen begann und zurückfiel. Sobald die Leine nur seinen Rücken berührte, versteinerte er. Er hatte Angst vor allem: vor Männern, Dunkelheit, lauten Geräuschen, plötzlichen Bewegungen, Taschen, Schirmen, Sonnenbrillen, Bärten, Kopftüchern, Krücken, Stöcken – und so weiter. Alles, was ich tat, um ihm zu helfen, war, ihm Zeit zu geben, ihn zu ermutigen und fleißig zum Aufbau seines Selbstwertgefühls beizutragen. In schwierigen Situationen habe ich ihn nie gedrängt; vielmehr habe ich ihn spüren lassen, dass er bei mir in Sicherheit ist und dass ich immer hier an seiner Seite bin. Heute geht es ihm hundertmal besser und das bedeutet, dass er sich nur noch vor *fast* allem fürchtet. Er ist schon viel entspannter, fühlt sich sicherer und spielt drinnen wie auch im Freien. Viele Männer und auch laute Geräusche jagen ihm allerdings noch immer Angst ein.

Jetzt, da er nicht mehr so ängstlich ist, kommt sein Charakter wirklich klar zum Vorschein. Er ist ein richtig glücklicher Kerl. Diejenigen Menschen, vor denen er keine Angst mehr hat, liebt er abgöttisch. Begegnet er jemandem, den er kennt, hebt er seine Oberlippe, zeigt in einem riesigen Lächeln alle Zähne und springt wild umher. Er kuschelt für sein Leben gern, doch da seine Integrität ihm wichtig ist, muss es nach seinen Regeln ablaufen. Manchmal, wenn er bereits in meinem Bett liegt, wenn ich schlafen gehe, funkelt er mich an, seufzt tief und geht. An anderen Tagen schmiegt er sich an mich und fängt laut an zu schnarchen.

Er hat ein ausdrucksstarkes Gesicht und einen fabelhaften Charakter. Andere Hunde interessieren ihn nicht sonderlich, es sei denn, sie sind beste Freunde, und selbst mit ihnen fängt er erst an zu spielen, wenn es schon Zeit zum Aufbruch ist. Mir ist aufgefallen, dass er eigentlich der agilste und gelenkigste Hund ist, den ich kenne. Wenn wir draußen im Wald sind, rennt er stundenlang umher, klettert auf steile Klippen und kriecht unter dicken Baumstämmen durch. Dabei wirkt er so euphorisch, als wollte er mir nie wieder nach drinnen folgen. Wenn ich krank bin und keine langen Spaziergänge mit ihm machen kann, ist er außerdem sehr liebevoll; dann ist er auch zufrieden damit, den ganzen Tag neben mir auf der Couch zu liegen.

Smiley bei mir zu haben, hat mein Leben komplett verändert. Ich habe begriffen, dass mir Hunde das Wichtigste sind. Vorher war ich freiberufliche Journalistin und Straßenbahnführerin, heute bin ich Tierkrankenwagenfahrerin. Außerdem arbeite ich mit Straßenhunden – zuerst in Rumänien und jetzt in Irland – und außerdem in einem Tierkrankenhaus. Auch meine Beziehungen haben sich verändert, und fast alles, was ich tue, hat auf die eine oder andere Weise mit Hunden zu tun.

Das Leben mit Smiley ist darüber hinaus spannender geworden, was, zugegeben, nicht immer gut ist. Hat man nun einmal einen so ängstlichen Hund wie Smiley, steckt man irgendwann in Lagen, die man sich in hundelosen Zeiten nie hätte vorstellen können. Während seines zweiten Winters in Schweden waren wir gemeinsam draußen und ich hatte ihn in der Nähe eines felsigen Ufers kurz von der Leine gelassen. Plötzlich gab es einen lauten Knall und Smiley, ganz Opfer seiner ausgeprägten Fluchtreflexe, rannte sofort davon und ging in Deckung. Das Problem war, dass der Weg zur Deckung seiner Wahl durch ein Loch im Zaun eines Ruderklubs und in eine Grube neben einem der Bootshäuser führte. Weil ich unmöglich durch das gleiche Loch kriechen konnte, setzte ich mich vor den Zaun und versuchte ihn durch Rufen herauszulocken. Ich warf ihm Leckerlis hinein und rief weiter seinen Namen, doch er saß wie festgefroren in der Grube und starrte mich an.

Das Tor zum Klubgelände war verschlossen und der Zaun oben mit Stacheldraht versehen. Ich googlete den Namen des Klubs in der Hoffnung, jemanden zu finden, den ich anrufen und der mir das Tor aufschließen konnte, aber bei keiner der angegebenen Nummern nahm jemand ab. Schließlich wurde ich unruhig und rief die Feuerwehr an. Leider sei kein Fahrzeug frei, sagte man mir, und man könne mir nicht helfen, da ja eigentlich niemand in Gefahr sei. Ich fragte geradeheraus, ob ich mit einer Anzeige zu rechnen hätte, wenn ich jetzt dort einbrechen würde. Der Feuerwehrmann fragte mich, wie ich denn vorgehen wolle, und ich sagte ihm, ich hätte vor, durch das Wasser zu waten und dann auf einen der Bootsstege zu klettern, um auf das Gelände zu kommen. Die Temperatur war unter null, das Wasser von einer Eisschicht bedeckt und der Feuerwehrmann bat mich, mich unter keinen Umständen in Gefahr zu begeben. Ich blieb stur und fragte noch einmal, ob er mich anzeigen würde, und schließlich sagte er, dass es wohl kein Problem wäre, solange ich nichts mitgehen ließe. Das war also geklärt, also kletterte ich das Ufer hinunter und stieg ins Wasser. Es reichte bis zur Mitte meiner Oberschenkel und mit jedem Schritt stachen Eissplitter durch meine Hose und zerkratzten mir die Haut. Endlich erreichte ich einen Steg, zog mich hoch und rannte zu den Bootshäusern. Smiley duckte sich noch immer in die Grube. Ich legte ihm die Leine an, ging zurück zum Ufer und watete mit achtzehn Kilo Hund auf meinen Schultern durch das eisige Wasser. Auf dem Weg nach Hause fühlten sich meine Beine außergewöhnlich steif an … Als Smiley nach der ganzen Aufregung auf der Couch schnarchte, ließ ich mir zum Auftauen ein heißes Bad ein. Was macht man nicht alles für seinen Hund.

Er ist mein Ein und Alles. Am glücklichsten macht es mich, wenn er sich mit der Brust flach auf den Boden legt, mich mit diesem wilden Blick anschaut und mich fordernd anbellt. Dann will er, dass ich alles stehen und liegen lasse und mit ihm spiele. Bei dem Gedanken, welche großen Fortschritte er doch gemacht hat, dass er jetzt das Selbstbewusstsein besitzt, von mir etwas zu fordern, wird mir warm ums Herz. Außerdem hat er mir beigebracht mich zu entspannen und dass materielle Dinge nicht so wichtig sind, solange man ein Dach über dem Kopf hat und etwas zu essen auf den Tisch bringen kann. Ich würde alles, was ich habe, für ihn geben.

Jedem, der sich überlegt einen Hund anzuschaffen, empfehle ich nachdrücklich, einen zu adoptieren. Es gibt so viele Hunde, die ein Zuhause brauchen und Ihr bester Freund werden könnten. Aber Sie müssen sich im Klaren sein, dass das nicht dasselbe ist wie einen Welpen vom Züchter zu kaufen – womöglich nehmen Sie einen Hund auf, der viel seelischen Ballast mit sich herumträgt und Verhaltensweisen zeigt, mit denen Sie sich noch nie auseinandersetzen mussten. Sind Sie aber bereit diesem Hund Ihre Geduld zu schenken und ihm zu versprechen auf ihn aufzupassen, dann stehen die Chancen nicht schlecht, dass aus ihm ein enger Vertrauter wird. So, wie es mir passiert ist."

Kapitel 6

In guten wie in schlechten Tagen

„Jemand, der nie aufgibt,
ist schwer aufzuhalten."

Stockholmer Tierklinik, März 2015

Schlimmer konnte Schweden Arthur in seiner neu gewonnenen Freiheit eigentlich nicht willkommen heißen, dachte ich. Jetzt hatte er gerade vier Monate Quarantäne hinter sich – in einer hübschen Einrichtung zwar, aber Quarantäne ist Quarantäne –, vier Monate, in denen wir uns kaum gesehen haben, und was mache ich? Ich schleppe ihn ins Krankenhaus, wo er schon wieder von uns getrennt ist und unter Narkose gesetzt wird. Mir war es ganz recht, dass ich in der Stunde vor seiner Operation noch Interviews geben musste. Das lenkte mich wenigstens davon ab, mir klarzumachen, was er alles durchstehen musste.

Erst als mein letztes Radiointerview bereits lief – per Telefon in einem Nebenraum –, merkte ich, dass nicht nur ich so angespannt war. Eine der Schwestern gab mir hektisch Zeichen, zum Ende zu kommen, und als ich aufgelegt hatte, führte sie mich zurück zum

Wartezimmer, wo Arthur wie verrückt bellte und im Kreis lief. Sobald er mich jedoch sah, beruhigte er sich, kam zu mir und setzte sich neben mir auf den Boden.

Ich umarmte ihn und tröstete ihn, so gut ich konnte. Lange dauerte es dann nicht mehr, bis die Tierärzte ihn zur Operation abholen kamen. Damit begannen die längsten anderthalb Stunden meines Lebens. Gerade als ich dachte, dass jetzt sicher alles vorbei war und alles in Ordnung sein musste, kam ein offenbar besorgter Tierarzt ins Wartezimmer. „Sie müssen mal kommen. Wir brauchen Sie. Sofort."

„Mich?", fragte ich und überlegte, dass das doch keinen Sinn ergab. „Mich? Aber was soll ich denn machen?"

„Ja, Sie", sagte er entschieden und hielt mir die Tür auf. Auf unserem Weg den Gang hinunter hörte ich ein schreckliches Heulen, das lauter und lauter wurde, je mehr wir uns der Tür am Ende des Gangs näherten. Der Tierarzt öffnete die Tür. In der Mitte des kleinen Raums lag Arthur und heulte, als wollte er nie wieder aufhören. Ein so schmerzvolles, verzweifeltes Heulen hatte ich nie zuvor gehört. Ich fühlte mich scheußlich. Hatte ich ihm das angetan? Meinem Freund, für dessen Rettung und Heilung ich alles tat, was in meiner Macht stand?

Als ich den Raum betrat, drehte sich Arthur zu mir um. Ich kniete mich hin und tat das Einzige, was ich konnte. Ich umarmte ihn. Im gleichen Augenblick, als hätte jemand einen Schalter umgelegt,

war Arthur ruhig. Mit einem Schnüffeln schob er seine Schnauze unter meinen Arm. Ich hockte mich auf den Boden und legte mich neben ihn. Schon bald merkte ich, wie er sich entspannte.

Wir schlossen die Augen und blieben lange so liegen.

Örnsköldsvik, Oktober 2016

Es ist immer schön, von einer Reise zurück nach Hause zu kommen; das war bei der Rückkehr von unserer Buchpräsentationstour nicht anders. Abgesehen davon, dass wir beim Festessen gefehlt hatten, war es ein voller Erfolg gewesen und alle am Buch Beteiligten waren mit dem Verlauf sehr zufrieden. Außerdem hatten wir am nächsten Tag ein bisschen am Bonnier-Stand gefeiert und alle möglichen Leute waren gekommen, um uns zu gratulieren. Ich bin kein Freund von großen Feierlichkeiten, aber es war ein großartiges Gefühl, mit allen am Stand abzuklatschen, und das passte auch besser zu uns als irgendwelcher Starrummel. Da unser Buch offenbar wegging wie warme Semmeln, sah es ganz so aus, als könnten wir den ersten Platz auch in der kommenden Woche halten.

Sobald wir wieder zu Hause waren, stand wieder Arthurs Gesundheit ganz oben auf meiner Liste, denn wir mussten herausfinden, ob wir uns wegen dieser Knötchen Sorgen machen mussten. Durch den ganzen Trubel in Göteborg war ich abgelenkt gewesen, aber jetzt, nach unserer Rückkehr, waren auch die Sorgen wieder da. Jedes Mal wenn ich Arthur umarmte oder tätschelte, tastete ich die Stellen ab – die ja hoffentlich nur Bisse waren – und prüfte, ob sie sich verändert hatten. Inzwischen war ich mir sicher, dass hinter dem Ohr noch eine war, aber Helena versicherte mir, dass sie sich nicht anders als vor unserer Abreise anfühlten. Dennoch war ich froh, dass wir schon bei der Tierärztin einen Termin für einen Eingriff hatten, um der Sache nachzugehen.

Am Morgen vor der Operation hatte ich Angst, Arthur nervös zu machen. Aber ich konnte mir nicht verkneifen mich wie gewohnt noch einmal zu versichern, wo er überall Knötchen hatte: am Ohr, an der Brust und oben auf dem Bein. Und als ich ihm zur Beruhigung die Schnauze streichelte, spürte ich auch da einen Knoten.

„Hatten die nicht gesagt, so was wäre ganz normal?", fragte ich Helena und merkte, wie angespannt ich klang. „Viele Hunde haben doch alte Zeckenbisse oder so was, das hat sie doch gesagt, oder?"

„Ja. Sicher gehts ihm bald wieder gut", sagte Helena ruhig, aber ich wusste, dass auch sie sich Sorgen machte.

Viel zu früh kamen wir in der Tierarztpraxis an, aber wir wurden gleich hereingebeten und jemand kümmerte sich um Arthur. Helena und ich sollten ruhig frühstücken gehen, denn tun könnten wir ohnehin nichts. Aber wir gingen nicht, sondern blieben im Wartezimmer sitzen und versuchten uns abzulenken, indem wir ein paar Fotos für die Promotion des Buchs heraussuchten. Endlich ging die Tür auf. Mit einem beruhigenden Lächeln kam die Tierärztin herein und an der Leine führte sie einen sehr müde wirkenden Arthur. Er lief wie im Halbschlaf, wie angetrunken.

„Es ist alles gut gelaufen", sagte sie. „Jetzt schauen wir uns die Knötchen, die wir entfernt haben, genauer an. Das in der Brust war ziemlich groß; da mussten wir tiefer schneiden, als wir eigentlich wollten, um sicherzugehen, dass wir wirklich alles erwischt haben."

Ich sah mir Arthur an. Seine linke Pfote und die Brust waren verbunden, ebenso die Stelle oben an der Schnauze und die hinter seinem Ohr. Er sah übel zugerichtet und niedergeschlagen aus, aber – das musste ich mir immer wieder klarmachen – es war schließlich zu seinem Besten.

„Jetzt ist er sehr müde und auch ein bisschen empfindlich", fuhr die Tierärztin fort. „Am besten ist wohl, er schläft sich mal ordentlich aus. Die nächsten ein, zwei Tage wird er sicher keine Lust haben herumzurennen."

Arthur sah zu mir auf. Ich wollte glauben, er verstehe, dass ich ihm das aus gutem Grund zugemutet hatte. Ich beugte mich zu ihm hinunter. „Bald gehts dir wieder gut, Arthur", tröstete ich ihn. Er sah ganz ruhig zu mir auf, als wollte er mir sagen, er wisse Bescheid, er verstehe schon. Langsam gingen wir zurück zum Parkplatz. Und natürlich hob ich ihn ins Auto.

Zu Hause tappte Arthur zu einem seiner Lieblingsplätze, gleich neben dem Sofa, und ließ sich zu Boden plumpsen. Helena fuhr Philippa und Thor bei ihren Eltern abholen und ich passte auf Arthur auf. Er wirkte so matt, hatte den Kopf auf den Boden gelegt und blinzelte verwirrt, aber gleichzeitig stoisch. Ich hatte den Eindruck, dass ihm ein bisschen übel war. Ja, beim Anblick der Wunde auf seiner Schnauze und der Verbände an der Pfote und der Brust ging es mir sogar ähnlich. Als die Kinder zurückkamen, gingen sie zu ihm und drückten ihn zärtlich. Philippa wusste natürlich, dass sie jetzt besonders behutsam mit Arthur umgehen musste, aber auch Thor schien instinktiv zu wissen, dass er am besten sanft mit ihm umging.

Am folgenden Tag hatte ich einen Interviewtermin im Fernsehstudio für die Sendung *Malou efter tio* („Malou nach zehn"), der bereits festgestanden hatte, als wir noch nicht ahnten, dass Arthur etwas fehlen könnte. Ich hatte Bescheid gegeben, dass ich allein kommen musste, und obwohl die Fernsehleute natürlich traurig waren, dass Arthur fehlte, waren sie sehr nett.

Als ich nach dem Interview zurück nach Hause kam, türmten sich auf meinem Instagram-Account bereits die Nachrichten von Arthurs besorgten Fans. Ich freute mich zwar, dass so viele Menschen so viel Anteil nahmen, aber zu wissen, dass auch andere Leute besorgt waren, machte meine Sorgen irgendwie nur noch größer.

Zwei Tage lang war Arthur sehr schläfrig, doch am dritten Tag schien er allmählich wieder ganz der Alte zu sein. Morgens hatte er mit mir einen kleinen Spaziergang gemacht und danach ging es ihm augenscheinlich gut – er wirkte ein bisschen müde, als wir zurück waren, aber eigentlich schien alles in Ordnung zu sein.

Als Helena am nächsten Tag gerade mit den Kindern spazieren gehen wollte, bemerkten wir mit Freude, dass Arthur hinter uns herging und an der Tür wartete – dort, wo er sonst immer aufpasste, dass niemand ohne ihn das Haus verließ. Als sie fertig war, öffnete Helena die Tür und Arthur sprang hinaus. Er wedelte wild mit dem Schwanz, offenbar glücklich darüber, wiederhergestellt zu sein.

„Super", sagten wir beide und freuten uns, dass er wieder die Lust und die Kraft hatte umherzurennen. Er sprang auf die Wiese unserer Nachbarn, die ein bisschen höher liegt, trottete hierhin und dorthin und schnupperte überall im Gras, wie wir es von ihm kannten. Als Helena bereit zum Aufbruch war, rief sie ihn: „Arthur, komm, wir sind fertig!"

Arthur sprang quer über die Wiese, hielt an der Kante der Begrenzungsmauer an und sprang ab. Sofort begann er wieder und wieder zu heulen – fast das gleiche durchdringende Heulen wie damals im Tierkrankenhaus, das ich nie vergessen werde.

„Arthur", rief Helena und lief zu ihm. Sie bückte sich, um nachzusehen, was ihm fehlte, und Arthur sprang an ihr hoch, als wollte er sie um Hilfe bitten. Doch der Sprung machte die Schmerzen offenbar nur schlimmer, denn er schrie erneut auf. Die große Wunde in seiner Brust, wo die Ärzte so tief hatten schneiden müssen, hatte sich wieder geöffnet und blutete. „Oh nein, Arthur ..." Helena drehte sich zu mir um. „Ruf den Notfalltierarzt an, ich setze die Kinder ins Auto."

Als ich die Nummer der Tierklinik wählte, zitterten meine Hände. Man sagte mir, es wäre gerade viel los, aber wenn ich Arthur brächte, würde sich natürlich sofort jemand um ihn kümmern. Vorsichtig hob ich ihn ins Auto. Er winselte, heulte immer wieder kurz auf und blutete stark. Ich sprang hinters Steuer und wir rasten in die Stadt zum Tiernotdienst.

Wie alle Ärzte und Pfleger, die je mit Arthur zu tun hatten, kümmerte sich auch hier das Personal rührend um ihn. Da die Naht in Arthurs Brust beim Sprung von der Mauer aufgeplatzt war, musste die Ärztin die Wunde wieder öffnen, um sie so zu versorgen, dass sie auch ohne Naht ausheilen konnte. Sie erklärte, dass die Haut innen zwar eigenständig verheilen könne, dass hier aber die äußere Schicht gerissen sei. Den medizinischen Details konnte ich nicht folgen, doch ich war erleichtert, dass Arthur nichts Schlimmeres fehlte. Jetzt aber war er wieder ganz matt, keine Spur mehr von dem glücklichen Hund, der noch heute Morgen wie früher umhergesprungen war, und mit all den Verbänden wirkte er noch schlimmer zugerichtet als zuvor.

Ich trug ihn zurück zum Auto und wir beschlossen, wir würden ihn so gut versorgen und ihm die nötige Ruhe gönnen, so lange, wie es eben nötig war.

Es dauerte über eine Woche. Wahrscheinlich enthielten wir Arthur ein paar Runden durch den Wald vor, die er womöglich ohne Komplikationen geschafft hätte, aber das Risiko, dass sich erneut Wunden öffnen könnten, war mir einfach zu groß. Schließlich nahmen wir die Verbände ab und machten einen ruhigen Spaziergang. Arthur kam mir ein bisschen langsamer als gewöhnlich vor und er hatte offenbar nicht genug Energie für seine üblichen kleinen Erkundungen am Wegrand. Aber als ich an diesem Tag zurückkam, freute ich mich, dass wir den Weg hinauf auf den Berg in den Wald und zurück geschafft hatten. Beim Schlafengehen fielen mir an diesem Abend fast sofort die Augen zu und ich schlief tief und fest. Es war alles in Ordnung, solange Arthur auf dem Weg der Besserung war.

Ein paar Tage später, an einem Sonntag, legte ich Arthur ein paar seiner Lieblingsleckereien mit Hähnchen hin. Aber er schnupperte nur an seinem Futter und schleckte noch nicht einmal daran. Nach draußen zu gehen fand er offenbar interessanter als frühstücken. Gut, dachte ich, er ist ein bisschen aus dem Training und möchte eben unbedingt an die frische Luft.

Ich machte ihm die Tür auf und befestigte die lange Leine an seinem Halsband, damit er auf der Wiese vor unserem Haus ein bisschen Auslauf hatte. Ich ging zurück hinein, um meine Sachen für eine Besprechung beim Eishockeyverein zu holen, und rief Helena, die im Obergeschoss arbeitete.

„Bin gleich weg", sagte ich. „Arthur ist draußen und scheint ganz zufrieden. Zum Mittagessen müsste ich wieder da sein." Dann steckte ich die Schlüssel ein und trat aus der Tür.

Arthur stand ganz ruhig auf der Wiese und sah mich an. Normalerweise wäre er jetzt mit ein paar Sprüngen zu mir gekommen, als wollte er sagen: „Auf gehts, was stehen wir hier noch rum, lass uns spazieren gehen." Ich ging zu ihm, kraulte ihn am Ohr, und als er kaum reagierte, kniete ich mich hin, um mir anzusehen, ob seine Wunden weiter gut verheilten. Sie sahen gut aus, doch als ich ihm gerade zum Abschied den Kopf tätscheln wollte, fiel mein Blick auf einen Fleck im Gras.

Es war Blut. Als ich mich bückte, um mir den Fleck näher anzusehen, kam Arthur zu mir, hielt sich aber von dem Blutfleck fern, als wüsste er bereits, was das war und woher es kam. Ich hielt den Atem an. Das kann nur etwas Schreckliches bedeuten, dachte ich. Wenn jemand Blut verliert, kann das nur bedeuten, dass eine größere Sache nicht in Ordnung ist. Jetzt sah ich, dass auch Arthurs Schwanz blutverschmiert war. Kein Zweifel: Das war keine Kleinigkeit.

„Helena", rief ich und versuchte die Ruhe zu bewahren. „Ich glaube, mit Arthur stimmt was nicht. Er hat Blut im Stuhl." Helena erschien mit Thor auf dem Arm in der Tür. „Okaaay", sagte sie, doch wie ich aus ihrer Stimme gleich heraushörte, wusste sie genau, dass nichts „okay" war. Sie betrachtete das Blut und sah sich Arthur an.

„Gut", sagte sie, „du rufst den Notfalltierarzt an, ich mache die Kinder fertig." Als gäbe es bereits einen gut eingespielten Arthur-Notfallplan.

Die Tierärztin klang ganz ruhig – und zwar wirklich ruhig, nicht aufgesetzt hysterisch-ruhig wie wir – und sagte, wenn wir in zehn Minuten da wären, könnte sich jemand um uns kümmern. Vorsichtig hob ich Arthur ins Auto und schon war die ganze Familie unterwegs zur Notfallpraxis. Sie lag gleich neben einer Zoohandlung mit eigenem kleinen Streichelzoo. Das war mir schon vor einiger Zeit als perfekte Kombination aufgefallen, denn so konnten Kinder, deren Haustiere gerade beim Tierarzt waren, zum Trost mit anderen Tieren spielen.

Und ich hatte recht – Helena ging mit Philippa und Thor gleich nach nebenan, wo sie sich mit Kätzchen und Welpen beschäftigen konnten. Sie wussten natürlich, dass mit Arthur etwas nicht stimmte, aber es war schön, dass sie nicht im Wartezimmer sitzen und sich Sorgen machen mussten. Anders als ich natürlich. Die Ärztin ging allein mit Arthur ins Behandlungszimmer. Es schien Stunden zu dauern. In Wirklichkeit waren sie vielleicht zehn Minuten weg, aber für mich war es eine weitere quälend lange Wartezeit voller Unsicherheiten in einer Tierklinik …

Dann ging die Tür auf. Die Tierärztin kam herein und Arthur tappte hinterher.

„Wahrscheinlich haben ihm die Schmerzmittel auf den Magen geschlagen", sagte sie in einem ruhigen, sachlichen Ton, der meine Panik gleich ein wenig dämpfte. „Dagegen können wir ihm etwas geben. Aber wenn er überhaupt nicht fressen mag, ist das natürlich ein Problem, fürchte ich."

Arthur hatte sich auf den Boden fallen lassen und die Augen fielen ihm zu. Ich merkte, wie ich vor Erleichterung durchatmete, weil ich jetzt wusste, dass es eine Lösung gab, was auch immer das Problem war.

„Warum ein Problem?", fragte ich. „Können Sie ihm nichts zum Appetitanregen geben?"

„Ich fürchte, so einfach ist das nicht", sagte die Ärztin. „Das ist jetzt Ihre Aufgabe. Sie müssen ihn nach und nach wieder an Futter und Wasser gewöhnen. Das wird einige Zeit dauern, aber es ist die einzige Möglichkeit, ihn wieder auf die Beine zu kriegen."

Dann erklärte sie, dass wir am Anfang mit kleinen Pipetten tropfenweise Wasser in Arthurs Maul träufeln sollten, um dann nach und nach mit größeren zu Flüssignahrung überzugehen, bis er schließlich wieder normales Hundefutter zu sich nehmen könne.

Ich betrachtete ihn, wie er neben meinem Stuhl auf dem Boden lag. Er sah so schwach und müde aus wie damals, vor vielen Monaten im Dschungel, ehe wir ihm unser letztes Essen auf einem riesigen Blatt servierten. Auch damals hatte ich ihn betrachtet und mir geschworen für ihn zu sorgen, „koste es, was es wolle". Daran hatte sich nichts geändert.

„Gut", sagte ich zu der Tierärztin, „sagen Sie uns genau, was wir tun müssen, dann machen wir das."

Langsam und vorsichtig fuhr ich uns alle nach Hause. Natürlich fahre ich auch sonst vorsichtig, aber weil es Arthur so schlecht ging, sollte ihn nichts stören, und sei es eine kleine Bodenwelle in der Straße. Zu Hause angekommen ging Helena mit den Kindern spazieren, während ich bei Arthur blieb und übte, ihn zum Trinken zu animieren. Ich füllte die kleinste Pipette, die uns die Tierärztin mitgegeben hatte, mit Wasser.

Arthur lag still auf seiner Matte, die Augen halb geschlossen. Als ich zu ihm kam, hob er den Kopf, schaute mich an und dann – als wäre das schon zu anstrengend – schloss er die Augen und ließ den Kopf wieder auf die Matte fallen.

„Hey, Arthur", sagte ich und hielt die Pipette ganz vorsichtig aufrecht, damit nichts heraustropfte. „Komm, Großer. Trink mal was. Du musst was trinken."

Dann hob ich vorsichtig seinen Kopf an, öffnete sein Maul ein Stückchen und träufelte acht, zehn Tropfen hinein. Ich freute mich, als ich ihn schlucken hörte, und ging die Pipette wieder auffüllen.

Das machten wir am ersten Tag einmal pro Stunde, danach fingen wir an, ihm alle drei Stunden ein bisschen zerdrücktes Futter aus einer größeren Spritze zu geben. Und als sich Arthur daran gewöhnt hatte, gaben wir ihm alle drei, vier Stunden einen Löffel Futter.

Ich hatte keine Ahnung, wie lange wir so weitermachen mussten, aber wir waren natürlich bereit alles zu tun, was in unserer Macht stand, so lange, wie es eben sein musste. Zwei Tage später hatte ich ein Treffen in Åre, das ich schon absagen wollte, aber Helena meinte, ich solle mir keine Sorgen machen, sie könne Arthurs Fütterungen übernehmen, gar kein Problem.

Wir zeichneten einen Zeitplan und klebten ihn an die Kühlschranktür, um jede Stunde festzuhalten, was Arthur bekommen hatte und wann. Eine Spalte für Wasser, eine für Flüssignahrung und eine für später, wenn er wieder kleine Mengen festes Futter bekommen würde. Helena betrachtete die fertige Tabelle. „Wie bei einem Baby, oder?", sagte sie. „Er ist ganz hilflos und deshalb müssen wir ihm eben helfen."

Am Tag des Termins in Åre nahm Arthur allmählich kleine Löffel Flüssignahrung an. Obwohl ich mich natürlich völlig darauf verlassen konnte, dass Helena sich gut um ihn kümmern würde, brachte ich es nicht übers Herz, ihn zurückzulassen. Daher sagte ich schließlich doch ab.

Zwei Tage später bekam Arthur schon kleine Stücke Hühnchen (sein Leibgericht) zwischen den einzelnen Portionen Flüssignahrung. „Ich glaube, jetzt ist er wirklich auf dem Weg der Besserung", sagte Helena, als ich den schlafenden Arthur auf seiner Matte betrachtete. „Heute Morgen ist er aufgestanden und mir in die Küche nachgegangen. Er hat sogar ein bisschen mit dem Schwanz gewedelt, als wäre er gern auf den Beinen und hätte Appetit."

Natürlich fragten Arthurs Freunde im Internet, das Filmteam von ESPN und die Verlage, wie es ihm gehe. In den sozialen Medien wollte ich aber nichts veröffentlichen, denn es kam mir so vor, als würde es Unglück bringen zu verkünden, es ginge ihm besser, solange er noch nicht ganz wiederhergestellt war und wieder normales Futter fraß.

Zumindest wirkte er jetzt, mit nur noch einem Verband, nicht mehr so stark verletzt und die Wunden verheilten gut. Noch immer warteten wir auf den Befund der Biopsie der entfernten Knötchen, aber schon ein paar weitere Tage später gingen wir mit Arthur wieder nach draußen und unternahmen kurze Spaziergänge. Wenn wir zurückkamen, zeigte er zunehmend mehr Appetit, es gab keine Anzeichen mehr von Blut im Stuhl und allmählich schien er ganz über den Berg zu sein.

Dann aber kamen neue Sorgen und Nöte. Immer wenn wir oder die Kinder uns Arthur näherten, wich er mit einem leisen Winseln zurück. Fast wirkte es, als würde er uns aus dem Weg gehen. Er fraß inzwischen fast wieder normal, aber im Sitzen und Liegen wirkte seine Haltung unbeholfen, und wenn man ihn auch nur in der Nähe seines Schwanzes berührte, jaulte er auf eine Art auf, die ich von ihm nicht kannte.

„Was um alles in der Welt hat er bloß?", fragte ich Helena. „Guck mal, er springt immer zur Seite." Ich beugte mich vor, um ihm den Rücken zu streicheln, aber Arthur wich einfach jedem Kontakt aus.

„Ich glaube, es liegt an seinem Schwanz", sagte Helena. „Schau …", und sie legte ihre Hand ganz sanft auf die Rute, und wieder jaulte Arthur auf und trottete zur anderen Seite des Zimmers.

„Na ja, mir ist es egal, ob sie uns irgendwann nicht mehr sehen können", sagte ich. „Wir fahren wieder mit ihm zur Tierärztin. Offensichtlich hat er Schmerzen. Irgendwas ist da faul."

Wir wählten die inzwischen vertraute Nummer und durften glücklicherweise gleich vorbeikommen. Diesmal konnte ich Arthur gar nicht ins Auto heben, denn ich hätte mich ihm gar nicht nähern können. Aber er sprang von selbst hinein, fast als wüsste er genau, dass ihm auf diese Weise geholfen würde.

Unsere Tierärztin begrüßte uns mit einem Lächeln. „Dann schauen wir ihn uns doch mal an", sagte sie. Ich glaube, ich weiß schon, was mit ihm los ist." Wieder ging sie mit ihm ins

Untersuchungszimmer, aber diesmal waren die beiden schnell wieder zurück.

„Wie ich schon vermutet hatte", sagte sie, „Arthur hat eine sogenannte Wasserrute. Dazu kommt es, wenn – nun ja, was dabei genau passiert, weiß man noch gar nicht, aber in der Regel hat es mit kaltem Wasser zu tun oder der Hund sitzt oft irgendwo, wo es feucht ist. Dadurch wird der Schwanz unglaublich empfindlich, fast als wäre er gebrochen."

„Und was kann man da machen?", fragte ich. Arthur schien es so schlecht zu gehen.

„Das heilt von allein", sagte die Tierärztin. „Es könnte sogar etwas damit zu tun haben, dass er in letzter Zeit so wenig Bewegung hatte. Es geht Arthur bestimmt bald wieder besser, wenn er wieder mehr herumläuft und, nun ja, mehr mit dem Schwanz wedelt."

Arthur hatte aufgeschaut, als er seinen Namen hörte. Vielleicht bildete ich es mir nur ein, aber ich hätte schwören können, dass er bereits zuversichtlicher dreinschaute.

„Und die andere gute Neuigkeit ist", fuhr die Tierärztin fort, „dass wir die entfernten Knötchen untersucht und bei keinem etwas Besorgniserregendes gefunden haben. Eines war nur ein alter Zeckenbiss und die übrigen waren gutartig."

Ich war unfassbar erleichtert. Wie mir jetzt bewusst wurde, war ich während der ganzen letzten Wochen innerlich angespannt

gewesen, so sehr hatte die Sorge um Arthur an mir genagt. Nachdem ich mich bei allem, was er durchgemacht hatte, so viele Monate über seine Gesundheit und sein glückliches Leben hatte freuen dürfen, hatte ich den Gedanken kaum zugelassen, ihn nun vielleicht verlieren zu müssen. Wie mir nun klar wurde, hatte ich diesen Gedanken einfach nicht zulassen wollen. Als ich mich zu Arthur hinunterbeugte, um ihn (sanft) zu umarmen, wusste ich, ich konnte in der kommenden Nacht endlich wieder ruhig schlafen.

Nach diesem Besuch bei der Tierärztin kam es mir vor, als ginge es Arthur mit jedem Tag besser, und als er bei einem besonders langen Spaziergang wieder wie früher umhersprang, schien mir der richtige Zeitpunkt gekommen, um in den sozialen Medien zu verbreiten, dass er ganz offiziell genesen sei.

Angesichts der Flut der Antworten von Menschen, die sich darüber freuten, trug ich gleich wieder ein Lächeln im Gesicht. Es musste diese große Welle des Mitgefühls gewesen sein, die Arthur geholfen hatte. Er kam mir vor wie ein lebendiges Sinnbild der Hoffnung und des Guten, das einem widerfahren kann.

Im tiefen Winter um Weihnachten und Neujahr herum ging es Arthur glücklicherweise wieder richtig gut. Und als es Januar wurde und viel Arbeit zur Vorbereitung des Eishockeyturniers im Hafen von Örnsköldsvik zu erledigen war, stand Arthur als große Hilfe an meiner Seite. Es war ein enormer Aufwand – tatsächlich mit Licht, Kameras und viel Action sowie zwei bekannten Fernsehpersönlichkeiten als Kommentatoren – und umfasste die Koordination von Hunderten Menschen und viel Logistik. Die Leute in Örnsköldsvik sprachen von einem Höhepunkt des Jahres und ich war anschließend stolz – und erleichtert –, dass das ganze Ereignis auch meinen eigenen hochgesteckten Erwartungen gerecht geworden war. An dem strahlend hellen Morgen danach sah ich zu, wie meine Freunde die Scheinwerfer abmontierten, die Zuschauerpodeste verstauten und das ganze Equipment in Kisten packten, legte Arthur die Leine an und ging mit ihm eine Runde durch den Hafen. Ich fand, nach einem so großen Event hatte ich ein bisschen Ruhe mit meinem Freund verdient. Er trottete neben mir, glücklicherweise wieder ganz gesund, und sah ab und an zu mir auf, als wollte er sich versichern, dass ich immer noch da war.

In den nächsten Wochen beobachtete ich, wie Arthur zunehmend kräftiger wurde, bis er schließlich wieder ganz der Alte war. Also der Arthur, zu dem er sich im Kreis seiner neuen Familie entwickelt hatte. Er sprang in seinem geliebten Schnee umher, spielte mit Philippa und Thor und verschlang sein Futter – und währenddessen behielt er mich und den Rest der Familie aufmerksam im Auge, damit ihm auch ja nichts entging.

Draußen lag überall tiefster Schnee: genau richtig zum Herumtollen – oder zum Skilaufen. Wie wir feststellten, entwickelte Philippa eine große Leidenschaft für die Skier und es war wunderbar anzusehen, wie schnell sie Fortschritte machte. Sie wollte gar nicht mehr damit aufhören, selbst wenn es schon fast dunkel war.

Als wir an einem Sonntag von einem Skiwochenende zurückkehrten, wartete auf Helena und mich der übliche Berg E-Mails. Eine kam von ESPN. Die Dokumentation über Arthur hatte für ihre Kameraführung eine Emmy-Nominierung erhalten. Arthur ruhte auf seiner schwarzen Matte. In meinen Augen sah er natürlich aus wie der geborene Preisträger, und sollte er tatsächlich gewinnen, wusste ich bereits, dass er damit wie mit jeder anderen Situation umgehen würde: mit der Ruhe, Gelassenheit und Würde, durch die ich damals in Ecuador auf ihn aufmerksam geworden war.

Auch von meinem Literaturagenten war eine E-Mail im Postfach. Er schrieb, Produzenten aus Hollywood hätten ihr Interesse geäußert, einen Spielfilm über Arthur zu drehen. Er schaute zwar gerade nicht zu mir her, aber trotzdem lächelte ich ihn an. Es wäre doch wunderbar, dachte ich, wenn noch mehr Leute von unserer Geschichte erführen und erleben könnten, dass alles möglich ist, wenn man sich nur genug um jemand anderen sorgt und die nötige

Entschlossenheit zeigt. Und tatsächlich, dachte ich, er hätte auch das Zeug zum Filmstar.

Noch immer finde ich es unfassbar, dass noch vor wenigen kurzen Jahren weder ich noch Arthur etwas vom anderen wussten. Trotzdem kommt es mir heute so vor, als wäre er immer schon da gewesen und als hätte mir deshalb noch nie etwas gefehlt.

Ich weiß nicht, was die Zukunft bringen wird. Ein Schritt nach dem anderen. Eins aber weiß ich sicher, schon in der Dokumentation habe ich es gesagt und jeden Tag denke ich aufs Neue daran: Arthur in mein Leben aufzunehmen ist das Beste, was mir je passiert ist. Und das wird wahrscheinlich so bleiben.

Danksagung

Wenn mir vor drei Jahren jemand gesagt hätte, ich hätte bald einen Freund namens Arthur aus Ecuador, vom anderen Ende der Welt, ich hätte ihm nie geglaubt.

Damals war ich Adventure-Racer. Daher drehte sich bei mir alles darum, genug Kraft und die nötigen Fähigkeiten zu besitzen, ein gutes Rennen zu bestreiten und bei Wettkämpfen auf höchstem Niveau mithalten zu können. Das wars. Von morgens bis abends habe ich trainiert und überlegt, wie ich mich weiter verbessern könnte.

Doch am 14. November 2014 wurde alles anders – genauer gesagt, als ein schmutziger, verletzter streunender Hund auf mich zukam, während ich gerade mein Mountainbike in seiner Box verstaute und für die letzten Etappen des Weltmeisterschaftsrennens neue Energie tankte. Was danach passiert ist, ist fast schon surreal. Wer hätte gedacht, dass ein paar Fleischbällchen der Anfang einer lebenslangen Beziehung sein können?

Ohne **Val Hudson** wären die beiden Bücher über Arthur nie entstanden; neben Helena kennt sie mich vermutlich am besten. Val hat für meine Geschichte wunderbare Worte gefunden. Sie ist ein toller Mensch mit einem Herz aus Gold – wenn Sie sie kennen würden, wüssten Sie, wovon ich spreche.

Vielen Dank Euch beiden, **Philippa und Thor**, für alles. Durch das Interesse der Medien ist unser Leben nicht alltäglich und daher freue ich mich über so tolle Kinder. Ihr seid die Größten!

Helena, Du bist die Heldin unserer Familie. Obwohl unsere Tage so vollgestopft sind und Du so viel zu tun hast, findest Du Zeit, Dich um alle zu kümmern. Ich wäre in allem gern wie Du.

Arthur, Du bist eine ganz besondere Persönlichkeit. Ich sage nicht „Hund", denn ich finde, das wird Dir nicht gerecht. Du bist weise und stark, und ein besseres Familienmitglied könnte man sich nicht wünschen. Dich zum Freund zu haben macht mich zum glücklichsten Menschen der Welt.

Mikael Lindnord hat sich einen Namen als Adventure-Racer und Wettkampfplaner gemacht. Als Junge wollte er Eishockeyspieler werden, aber als er mit siebzehn nicht ins Profiteam aufgenommen wurde, schlug er einen anderen Weg ein. Nach seinem Militärdienst wurde er Adventure-Racer und nahm weltweit an den Rennen der AR World Series teil. Nach seinem Rückzug aus dem Wettkampfsport ist er heute Motivationssprecher und Event-Organisator und spielt auch wieder Eishockey. Außerdem ist er an der Produktion des in Kürze erscheinenden Films beteiligt, der von Arthur und ihm handelt und erzählt, wie sie sich gefunden und darum gekämpft haben, zusammenbleiben zu können.

Arthur stammt irgendwo aus Ecuador. Er könnte ein Mischling aus vielen Rassen sein oder aber ein Spinone – ein italienischer Jagdhund. Er mag Spazierengehen und Rennen und relaxt gern mit Mikael und seiner Familie in Schweden.

Als Sachbuchlektorin bei führenden Verlagen hat **Val Hudson** zur Veröffentlichung vieler bahnbrechender Bestseller beigetragen. Heute ist sie hauptberufliche Schriftstellerin und Autorin verschiedenster Sachbücher sowie – unter dem Pseudonym Chloe Bennet – der Romanreihe „Boy Watching" für junge Teenager.

Bildnachweis

© Jonatan Fernström: Abbildung im Fließtext, S. 170
© Krister Göransson: Abbildungen im Fließtext, S. 9, 12, 45, 52, 76, 81, 87, 91, 111 und 141,
Fotos Nr. 3, 4, 12, 14 und 15 im Farbteil
© Marie Jungsand: Foto Nr. 10 im Farbteil
© Helena Lindnord: Abbildungen im Fließtext, S. 46, 116 und 142,
Fotos Nr. 5 und 11 im Farbteil
© Mikael Lindnord: Abbildungen im Fließtext, S. 10, 15, 75, 119, 139, 147, 175, 181, 184,
Fotos Nr. 1, 2, 6, 7 und 9 im Farbteil
© Thom McCallum: Foto Nr. 13 im Farbteil
© Håkan Nordström: Abbildung im Fließtext, S. 49
© Ale Socci: Abbildung im Fließtext, S. 24
© Magnus Stenman: Abbildung im Fließtext, S. 169,
Foto Nr. 8 im Farbteil

Edel Books
Ein Verlag der Edel Germany GmbH

Copyright © Mikael Lindnord 2017

Titel der Originalausgabe *Arthur and Friends – The incredible story of a rescue dog, and how our dogs rescue us* erstmals erschienen 2017 bei Two Roads, UK.

Copyright der deutschen Ausgabe © 2018 Edel Germany GmbH,
Neumühlen 17, 22763 Hamburg
www.edel.com
1. Auflage 2018

Übersetzung: Tobias Rothenbücher
Projektkoordination: Nina Schnackenbeck, Gianna Slomka
Lektorat: Holger Metz
Umschlagfoto vorn: Patrik C. Österberg
Umschlagfotos hinten: Mariela Care, Allison Nicola, Mikael Lindnord,
Krister Göransson
Fotos im Innenteil: Krister Göransson, Jonatan Fernström,
Marie Jungsand, Helena Lindnord, Mikael Lindnord, Thom McCallum,
Håkan Nordström, Ale Socci, Magnus Stenman
Umschlaggestaltung: Groothuis. Gesellschaft der Ideen und Passionen mbH |
www.groothuis.de
Satz und Layout: Datagrafix GmbH, Berlin
Druck und Bindung: optimal media GmbH, Glienholzweg 7
17207 Röbel / Müritz

Printed in Germany

ISBN 978-3-8419-0603-8